ZEITSCHRIFT FÜR ANGEWANDTE GEOLOGIE

HERAUSGEGEBEN VON

DER STAATLICHEN GEOLOGISCHEN KOMMISSION

UND DER ZENTRALEN VORRATSKOMMISSION

DER DEUTSCHEN DEMOKRATISCHEN REPUBLIK

AUS DEM INHALT

AKADEMIE-VERLAG · BERLIN

BAND 8 / HEFT 2
FEBRUAR 1962
SEITE 57–112

Die ZEITSCHRIFT FÜR ANGEWANDTE GEOLOGIE berichtet ständig über folgende Arbeitsgebiete: Geologische Grundlagenforschung und Lagerstättenforschung / Methodik der geologischen Erkundung / Ökonomie und Planung der geologischen Erkundung / Technik der geologischen Erkundung / Geologie und Lagerstättenkunde im Ausland. In der Zeitschrift können alle strittigen Fragen der praktischen Geologie behandelt werden. Die Autoren übernehmen für ihre Aufsätze die übliche Verantwortung.

ZEITSCHRIFT FÜR ANGEWANDTE GEOLOGIE

KOLLEKTIVE CHEFREDAKTION

Dr. K. KAUTER (Redaktionssekretär)
Dr. F. STAMMBERGER
Dr. G. TISCHENDORF
Dipl.-Berging.-Geol. G. ZINDLER

BAND 8 · FEBRUAR 1962 · HEFT 2

Zur Erkundungsmethodik litoraler Schwermineralseifen an der südlichen Ostseeküste[1]

HANS JÜRGEN ROGGE, Schwerin

Einleitung

Die Erkundungsarbeiten zum Nachweis abbauwürdiger litoraler Schwermineralseifen haben in den letzten Jahrzehnten in einer Reihe von Ländern, u. a. auch in der Deutschen Demokratischen Republik, einen beachtlichen Aufschwung genommen.

Bei den Erkundungsarbeiten an der südlichen Ostseeküste, im besonderen an der mecklenburgischen Küste, genügt es nicht, nur die Bauwürdigkeit der Seifenvorkommen, sondern zugleich auch deren Beständigkeit nachzuweisen. Für die Erkundung der litoralen Seifen gewinnt somit das Verhalten der Seifen und ihres Mineralbestandes unter den Bedingungen der noch nicht ausgereiften Küste eine beachtliche Bedeutung.

Zur Stabilität der Litoralseifen

Im Gegensatz zu den „stabilen" Lagerstätten handelt es sich bei den Litoralseifen an der mecklenburgischen Küste zum überwiegenden Teil um labile und temporäre Gebilde. Der labile Charakter der Litoralseifen liegt in der stetigen Veränderung des Strandes, auf dem sie abgelagert werden, als Folge der durch die ständige marine Beeinflussung hervorgerufenen permanenten Veränderungen der Uferlinie, des Bodenreliefs, des petrographischen Bestandes und damit auch der Seifen begründet. Der Nachweis über den Grad der Instabilität der Seifen ist jedoch für die Einschätzung der Seifen als Lagerstätte von ausschlaggebender Bedeutung, weil er die Gültigkeit der nachgewiesenen Vorräte zeitlich und räumlich begrenzen kann. Dabei kommt es darauf an, die Gesamtheit der im Bereich des Litorals wirkenden Faktoren bei der Umgestaltung der Seifen nachzuweisen.

Schwermineralseifen an Abrasionsküsten

Im Bereich von Abrasionsküsten sind die Litoralseifen infolge der landwärtigen Verlagerung der Küste grundsätzlich einer Um- bzw. Verlagerung unterworfen. In Abhängigkeit von der Breite und Höhe des Strandes und ihrer Lage auf demselben ist jedoch die Intensität der Veränderungen unterschiedlich.

a) An unterdurchschnittlich breiten Stranden (ca. 20 m) befinden sich die an der Oberfläche liegenden Seifen (Strandwallseifen, Primär- und Residualseifen) fast ständig im Umbau, da die Deflation sowie relativ geringe Wasserspiegelschwankungen auf derartige Ablagerungen verdünnend oder anreichernd einwirken. Es ist keine Seltenheit, daß diese Schwermineralanreicherungen binnen kurzer Zeit eine größere Mächtigkeit und eine hohe Konzentration erlangen bzw. aber auch stark verdünnt und umgelagert werden können. Die Existenz derartiger Gebilde ist zeitlich begrenzt und von der jeweils herrschenden hydrometeorologischen Situation abhängig.

b) An überdurchschnittlich breiten Stranden (> 20 m) unterliegen die nahe der Wasserlinie abgelagerten Schwermineralanreicherungen (Strandwallseifen) den unter a) genannten Bedingungen. Im Vergleich zu den unterdurchschnittlich breiten Stranden sind die überdurchschnittlich breiten jedoch zum überwiegenden Teil höher. Das hat zur Folge, daß kleinere Wasserspiegelschwankungen keinen direkten Einfluß auf die Seifen, die dem Dünen- resp. Kliffuß vorgelagert sind, ausüben. Nach v. BÜLOW (1951) tragen sie vielmehr dazu bei, nahe der Wasserlinie liegendes Schwermineralgut landwärts zu verfrachten. Dadurch ist dem Wind die Möglichkeit gegeben, auf verkürztem Weg weiteres schwersandhaltiges Material den bestehenden Seifen zuzuführen. Bei höheren Wasserständen (ca. 1 m über MW) unterliegen diese Seifen jedoch ebenfalls der Umlagerung und teilweise der seewärtigen Verfrachtung.

c) „Verdeckte" Litoralseifen an Abrasionsküsten treten relativ selten auf. Sie können unter den Bedingungen sowohl nach dem Gesetz der Gleichfälligkeit während der Ablagerung als auch während einer vorübergehenden Akkumulation von Anschwemmungsteilchen entstehen, die durch den Wind umgelagert und auf bereits vorhandene Schwermineralanreicherungen abgelagert wurden, ohne den Bestand der unterlagernden Seifen wesentlich zu beeinträchtigen. Ihre Beständigkeit ist abhängig von dem Grad der landwärtigen Strandverschiebung, der Höhe, Breite und Neigung des Strandes, der Neigung des Vorstrandes und der Wellenintensität bei Hoch- und Sturmflutwasserständen.

Entsprechende Untersuchungen an einigen Küstenabschnitten der mecklenburgischen Ostseeküste ergaben, daß beispielsweise bei Markgrafenheide ein Wasserstand von ca. 1,10 m über MW genügt, um eine Stranderniedrigung bis über 1 m herbeizuführen (Abb. 2). Es ist verständlich, daß dabei auch die „verdeckten" Schwermineralanreicherungen zerstört und teilweise seewärts verfrachtet werden können. Die Stabilität derartiger Schwermineralseifen hängt im wesentlichen von der Mächtigkeit der schwermineralarmen Deckschicht und der Tiefe der Erosion der Hochwasserbrandungswelle ab.

Die angeführten Beispiele zeigen, daß Such- resp. Erkundungsarbeiten auf Litoralseifen an Abrasionsküsten nur zeitlich und räumlich begrenzte Werte ergeben, deren Gültigkeit von den Veränderungen auf der Schorre, die sich beispielsweise in einer Versteilung oder Verflachung der Unterwasserböschungsneigung ausdrücken und von den Einflüssen der hydrometeorologischen Faktoren wie Wind, Wasserstand, Wellenwirksamkeit, Wellenauflaufrichtung u. a. m. abhängen.

Litoralseifen an Akkumulationsküsten

An Akkumulationsküsten überwiegt die Sedimentzufuhr den Abtransport. An die Stelle der positiven, landwärtigen Strandverschiebung tritt eine negative, seewärts gerichtete. Die stetige Verbreiterung und Erhöhung der Strande sowie die einherschreitende Verflachung der Böschungsneigung des Unterwasserhanges haben zur Folge, daß Schwersandanreicherungen je nach der Intensität der Akkumulation langsam oder schnell dem marinen, später auch dem äolischen

[1]) Eingang des Manuskripts in der Redaktion: 22. 6. 1961

Einfluß entzogen werden können. Unter den genannten Bedingungen können somit neben labilen Schwersandvorkommen auch stabile Schwermineralanreicherungen auftreten. Die bisherigen Untersuchungsbefunde an der mecklenburgischen Ostseeküste lassen erkennen, daß die stabilen Vorkommen in ihrer Genese Unterschiede aufweisen, so daß im wesentlichen drei Formen von Schwersandanreicherungen an Akkumulationsküsten auftreten:

a) „instabile" Seifen,
b) „Duplical"-Seifen und
c) „Unical"-Seifen.

Die unter a) genannten Litoralseifen sind Gebilde, die noch den Einwirkungen der hydrometeorologischen Faktoren unterliegen. Unter der Voraussetzung einer stetigen, kontinuierlichen Ablagerung von schwersandhaltigem Material können die instabilen Schwersandvorkommen in die „Duplical"-Seifen übergehen, wobei der Konzentrationsprozeß vermutlich ein zeitlich unterschiedlicher, zyklischer Vorgang sein dürfte. Der mehrfache Wechsel von unterschiedlich mächtigen, schwermineralreichen und -armen Horizonten deutet eine Folge von Konzentrationsprozessen an, die wahrscheinlich zur Bildung jeweils lokal begrenzter Schwermineralanreicherungen führte. Nach dem Stand der bisherigen Kenntnis der „Duplical"-Seifen kann die Gliederung in schwermineralreiche und schwermineralarme Horizonte bis zur Grenze des marinen Einflusses, also bis zur höchsten Hochwasserlinie, verfolgt werden. Darüber hinaus treten lediglich noch irregulär abgelagerte Schwersandlagen äolischen Ursprungs auf. Mit Abschluß der jeweiligen Dünenbildung kann sich der Vorgang wiederholen, solange die Akkumulation währt und vorangereichertes Schwermineralgut abgelagert wird.

Im Gegensatz zu den „Duplical"-Seifen weisen die unter c) genannten „Unical"-Seifen keine wesentlich über den ursprünglichen Strand hinausgehende Verbreitung auf. Den Lagerungsverhältnissen nach handelt es sich um subrezente Kliffuß- und Strandwallseifen, die ehemals aktiven Kliffen vorgelagert sind.

Durch die Inaktivierung der Kliffe und Verlagerung des Liefergebietes dürfte die Zufuhr vorangereicherten Materials allmählich nachgelassen haben, so daß es außer den „unicalen" Vorkommen zu keinen weiteren nennenswerten Schwermineralanreicherungen kam.

Die Ausführungen über die Stabilitätsverhältnisse der Litoralseifen lassen erkennen, daß zu ihrer Beurteilung eine allseitige Erfassung der küstengestaltenden Vorgänge erforderlich ist. Von vorrangiger Bedeutung ist dabei die Klärung, inwieweit die rezenten Verhältnisse an Kliff, Düne, Strand und Schorre konstant sind bzw. in welchem Maße die einzelnen Faktoren die Küste im erwähnten Sinne gestalten.

Die ständige landwärtige Verlagerung des überwiegenden Teiles der mecklenburgischen Ostseeküste deutet darauf hin, daß sich die Küste noch auf dem Wege des Ausgleichs, der Reife, befindet. Wie eine Reihe von Beobachtungen zu erkennen gibt, dürfte dieser Reifeprozeß selbst an den derzeitigen Akkumulationsküsten noch nicht abgeschlossen sein, da mit dem Zurückweichen ehemaliger Landvorsprünge die in Lee befindlichen Anlandungen erneut in die marine Einflußsphäre gelangen. Es ist verständlich, daß unter diesen Bedingungen ehemalige Akkumulationsküsten in Abrasionsküsten übergehen, daß subrezente Litoralseifen reaktiviert und zu instabilen Vorkommen werden.

Mineralbestand

Die in den letzten Jahrzehnten an den Küsten der Beltsee u. a. durch WEYL (1937), v. ENGELHARDT (1937), SINDOWSKI (1938), v. BÜLOW (1951), LARSEN (1960) sowie auf Veranlassung des Verfassers erfolgte Bearbeitung litoraler Schwermineralseifen lassen eine Abhängigkeit des Mineralbestandes der einzelnen Vorkommen

1. von dem Mineralbestand des jeweiligen Detritusliefergebietes und
2. von der Intensität der Sedimententmischung während des Materialtransportes

erkennen. Für eine Beurteilung des Mineralbestandes der Seifen ergibt sich somit neben der Bestandsaufnahme der jeweiligen geologisch-petrographischen Beschaffenheit des Litorals, also von Kliff, Strand und Schorre, eine Klärung des Sedimentationsprozesses in Abhängigkeit vom Küstenaufbau und der -konfiguration sowie den vorherrschenden hydrometeorologischen Faktoren.

Eine Ableitung des Schwermineralinhaltes der Seifen von dem des jeweiligen Abbruchmaterials dürfte im wesentlichen nur für Primärseifen zutreffen. Wie entsprechende Untersuchungsbefunde zeigen, vollzieht sich bereits bei der Aufbereitung des Abbruchmaterials und der Bildung der Primärseifen eine Änderung des Anteiles der einzelnen Schwermineralien, so daß lediglich ein Vergleich des Gesamtmineralbestandes von Liefergebiet und Seife Folgerungen zuläßt. Nach K. H. SINDOWSKI (1938) enthält beispielsweise die Fraktion 0,2—0,1 mm des Geschiebemergels der Stoltera u. a. folgenden Mineralbestand:

	Opak	Granat	Hornblende	Turmalin	Epidot	Rutil	Zirkon	Augit	Staurolith
Korn %	11,1	19	25,5	2,5	1,2	1,7	3,5	8,5	4,8

Im Vergleich dazu ergab eine von G. BUBLITZ (1960) ausgeführte sedimentpetrographische Analyse einer dem o. g. Kliff vorgelagerten Primärseife in der gleichen Fraktion u. a. folgenden Mineralbestand:

	Opak	Granat	Hornblende	Turmalin	Epidot	Rutil	Zirkon	Augit	Staurolith
Korn %	37,2	32,3	11,3	1,5	5,0	1,5	2,3	1,0	0,8

Abgesehen von dem abweichenden Schwermineralgehalt der aufgeschlossenen Moränenablagerungen (v. LEINZ 1933), fällt auf, daß die in der Seife angereicherten „plattigen" Mineralien, wie Hornblende, Augit und Turmalin, zugunsten der „kugeligen", wie Granat und Magnetit, abgenommen haben. So ist u. a. der Anteil der Hornblende von 25,5% auf 11,3%, bei Augit von 8,1% auf 1,0% und bei Staurolith von 4,8% auf 0,8% zurückgegangen, während der Gehalt an Granat von 19% auf 32,3% zugenommen hat und die Opaken sich mehr als verdreifachten. Ähnliche Verhältnisse liegen nach den Untersuchungen von A. GEISSLER (1940) auch an der Lubminer Küste vor, wo beispielsweise der gelbe Geschiebemergel bis zu 22,4% Opake, maximal 4,4% Granat und bis zu 87% sonstige Schwermineralien enthält. Eine sedimentpetrographische Analyse einer nahe dem Detrituslieferggebiet abgelagerten Schwermineralseife enthielt demgegenüber in der gleichen Fraktion 35,4% Opake, 36,5% Granat und 28,1% sonstige Schwermineralien. Aus den genannten Beispielen, die sich beliebig erweitern lassen, geht hervor, daß bei der marinen Aufbereitung von Abbruchmaterial bereits eine weitgehende Sortierung stattfindet, wobei je nach der Intensität der Aufbereitung neben den Leichtmineralien bereits auch größere Anteile der leichteren Schwerminerale mit aufgenommen und verfrachtet werden. Sehr eindrucksvoll kann man einen derartigen Auslesevorgang während und unmittelbar nach Sturmfluten an Dünenküsten beobachten, wo das von den Brandungswellen abgespülte Dünenmaterial umgehend aufgearbeitet wird und eine Sortierung nach der Schwere, Korngröße und Kornform erfährt. Das Ergebnis der Aufbereitung des Dünenbruchmaterials zeigt sich dem Beobachter nach einem derartigen Hochwasser meist in einer mehr oder weniger breiten, vorwiegend Granat-Erz-Anreicherungszone, die der Dünenabbruchkante unmittelbar vorgelagert ist und deren Mächtigkeit von dem Umfang des Dünenabbruches und dem Schwermineralgehalt des Abbruchmaterials abhängt.

Für den überwiegenden Teil der litoralen Schwermineralanreicherungen dürfte jedoch eine eindeutige Ableitung von einem fixierten Detrituslieferggebiet nicht möglich sein. So deuten in einer Reihe von Fällen die sedimentpetrographische Beschaffenheit des Strandes und der Mineralinhalt der auf ihm befindlichen Seifen sowohl eine Zufuhr von Abbruchmaterial als auch von

Abrasionsresiduen an. Derartige Verhältnisse treten besonders in jenen Küstenabschnitten auf, wo submarine Abrasionsplatten, z. B. vor der Rostocker Heide oder die submarinen Geschiebemergelbänke auf Usedom (Zinnowitz-, Vineta-, Koserowbank), den Küsten unmittelbar vorgelagert sind. Auch die Seifen bei Markgrafenheide lassen sich, abgesehen von den unter 1a genannten Bedingungen, weniger aus dem Abbruchmaterial der Stoltera ableiten, da bereits auf wenige Kilometer vom Detritusliefergebiet eine weitgehende Sortierung der Sedimente und eine Abnahme des Schwermineralgehaltes bis auf 0,29—0,8% erfolgt, als vielmehr auf eine Zufuhr von Abrasionsresiduen der submarinen Geschiebemergelrücken bei Markgrafenheide und Rosenort zurückführen.

In den vorstehend gemachten Ausführungen wurde bereits darauf hingewiesen, daß bei der Aufbereitung von Abbruchmaterial bzw. bei der Abrasion eine beachtliche Sortierung des Mineralgutes erfolgt. Diese Entmischung der Sedimente ist um so intensiver, je größer die Intensität der Verfrachtung und je länger der Transportweg ist, den die Mineralien von dem Detritusliefergebiet bis zu ihrer Ablagerung und Anreicherung zurücklegen. Wie entsprechende Untersuchungen an der Usedomer Küste zeigten, verändert sich beispielsweise auf einer Strecke von ca. 4 km der Schwermineralbestand des Strandes zwischen dem Langen Berg bei Bansin und Heringsdorf u. a. folgendermaßen:

	Bansin	Heringsdorf	Bansin	Heringsdorf
	0,6 mm – 0,2 mm*)		0,2 mm – 0,1 mm*)	
Opak	18,4	13,4	30,0	31,0
Granat	14,6	3,2	28,8	21,6
Hornblende	21,8	26,0	13,2	16,8
Augit	1,2	2,4	0,6	2,0
Turmalin	3,0	4,4	1,6	3,2
Topas	0,4	0,6	0,8	1,2
Glaukonit	12,6	13,2	1,8	2,8

*) Angaben erfolgen in Kornprozenten (Analyse von G. BUBLITZ 1960).

Der Vergleich zeigt, daß mit wachsender Entfernung vom Detritusliefergebiet grundsätzlich eine Abnahme der schwereren Schwermineralien gegenüber den leichteren erfolgt. Die Ursache dieser Erscheinung dürfte sowohl in einem Nachlassen der Transportgeschwindigkeit innerhalb der Pommerschen Bucht begründet liegen als auch von der Art des Transportes der Schwermineralien (rollend oder schwebend) in Abhängigkeit von ihrer Kornform und ihrem spezifischen Gewicht bestimmt werden.

Für eine Einschätzung des Mineralbestandes der einzelnen Vorkommen ergibt sich daraus die Notwendigkeit, durch eine entsprechende Anzahl von Proben, die möglichst am Anfang, in der Mitte und am Ende der jeweiligen Schwermineralanreicherungen entnommen werden sollten, die Veränderungen des Mineralbestandes der Litoralseifen zu erfassen. Die Untersuchungen des Mineralbestandes der jeweiligen Seifen vermitteln somit dem Bearbeiter nicht nur einen Einblick in die Verteilung der einzelnen Schwermineralien innerhalb der entsprechenden Vorkommen und deren Genese, sondern lassen gleichzeitig Rückschlüsse auf die Konditionen der einzelnen Vorkommen und deren Gewinnung zu.

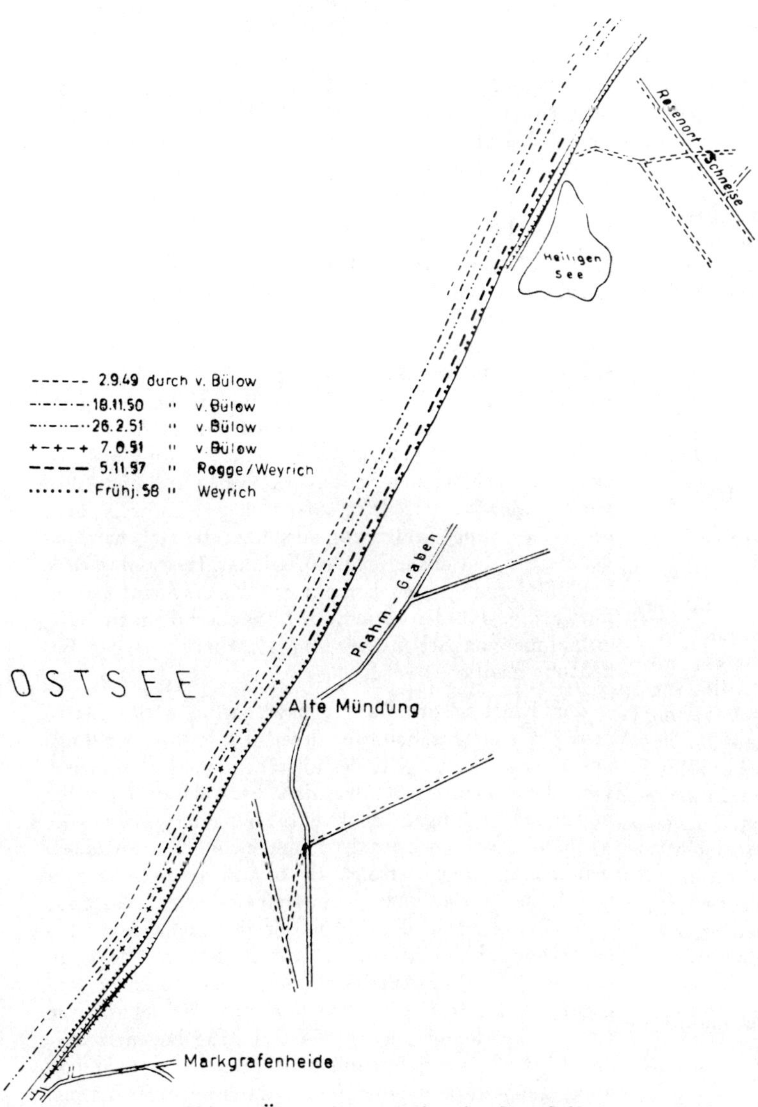

Abb. 1. Übersichtskarte der einzelnen Seifen

Zur Frage der Regeneration

Ein wesentliches Merkmal der Litoralseifen gegenüber den übrigen sedimentären Lagerstätten besteht in der Erneuerung zerstörter resp. abgebauter Seifen. In den vergangenen Jahren haben vor allem v. BÜLOW (1951) sowie LUDWIG & VOLLBRECHT (1957) zu dieser Frage Stellung genommen. Die genannten Autoren gingen dabei sowohl von Beobachtungen (v. BÜLOW) als auch von theoretischen Überlegungen (LUDWIG & VOLLBRECHT) aus und kamen übereinstimmend zu der Ansicht, daß unter der Bedingung der Erhaltung der Küstenkonfiguration und der küstendynamischen Prozesse die Seifen nach Abbau oder Zerstörung immer wieder in den vorgezeichneten Küstenabschnitten entstehen. Die in der Übersichtskarte zusammengestellten Ergebnisse einer Reihe von Befahrungen des Küstenabschnittes bei Markgrafenheide deuten eine Bestätigung der obigen Ansicht an. Die einzelnen Seifenablagerungen weisen zwar innerhalb des Zeitraumes von 1949—1959 beträchtliche Veränderungen auf, der Charakter einer ständigen Anreicherungszone bleibt aber erhalten (Abb. 1). Bei einer näheren Betrachtung zeigt sich jedoch, daß es sich nur z. T. um Anreicherungen von zugeführten Schwermineralien aus dem Materialversatzstrom handelt. Vielmehr sind es Anreicherungen von schwermineralhaltigem Abbruchmaterial und von vorhandenen Seifenablagerungen. Der Abbruch der Düne, die bis zu 3% Schwermineralien enthält, betrug beispielsweise nach den winterlichen Hochwässern 1959/1960 in diesem Küstenabschnitt 1—2 m. Es trat eine Stranderniedrigung ein, die im mittleren und unteren Teil des Strandes 1—$1^1/_2$ m betrug. Die dem Dünenkliff unmittelbar vorgelagerten Schwermineralablagerungen dürften daher vor allem dem schwermineralhaltigen Abbruchmaterial sowie Teilen der dem ehemaligen Dünenfuß vorgelagerten Schwermineralanreicherungen entstammen, da bei einer derartigen Strandausräumung nicht mit einer nennenswerten seewärtigen Zufuhr von Schwermineralien zu rechnen ist. Mit der Veränderung des Sedimenthaushaltes des Strandes, die sich vor allem in der Minderung der feineren Fraktionen zeigt, tritt gleichzeitig auch eine Änderung des Mineralbestandes ein. Zum Beispiel:

		Straßenknick Markgrafenheide *) Fraktion 0,25 mm – 0,20 mm		Alte Mündung *) Fraktion 0,25 mm – 0,20 mm	
		Dünenfuß %	Strandmitte %	Dünenfuß %	n. Wasserlinie %
Opake	Herbst 1959	23,2	23,0	19,0	24,3
	Frühjahr 1960	28,1	26,0	18,5	16,8
Granat	Herbst 1959	52,6	59,6	63,7	48,5
	Frühjahr 1960	60,0	57,0	63,5	60,6
Hornblende	Herbst 1959	8,0	5,0	5,4	12,8
	Frühjahr 1960	2,5	4,8	4,0	5,8

*) Alle Angaben in Kornprozenten. Die Bestimmung erfolgte von G. BUBLITZ, Rostock.

Nach den vorliegenden Untersuchungen nimmt der Anteil der schweren Schwermineralien, wie Opake und Granat, grundsätzlich gegenüber den leichteren, wie z. B. Hornblende, zu. Der Küstenrückgang, die Vergröberung des Sedimenthaushaltes und die Änderung des Mineralbestandes deuten darauf hin, daß die beschriebenen Seifenablagerungen im wesentlichen Residualseifen sind. Das heißt jedoch nicht, daß keine größeren Akkumulationen von angelandeten Schwermineralien in diesem Küstenabschnitt auftreten. Unter bestimmten hydrometeorologischen Bedingungen können sogar recht beträchtliche Schwermineralablagerungen gebildet werden. Die Regeneration der Seifen an Abrasionsküsten ergibt sich daher in Abhängigkeit von den Großwetterlagen, die sich

1. in der Zufuhr von Schwermineralien aus dem unmittelbaren Küstenabbruch,
2. in der Zufuhr von Schwermineralgut aus dem Küstenversatz

widerspiegeln.

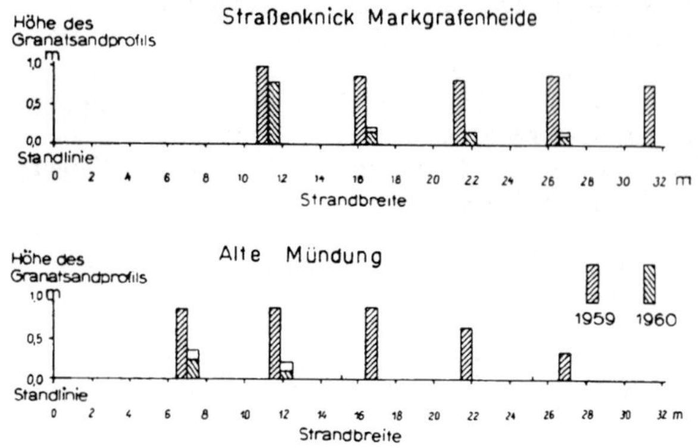

Abb. 2. Höhe des Granatsandprofils 1959 und 1960

Eine exakte Abgrenzung der beiden Faktoren ist jedoch bei der Labilität des aus dem Materialversatz stammenden Schwermineralgutes nicht möglich, so daß im wesentlichen nur Näherungswerte für eine allgemeine Einschätzung herangezogen werden können.

Im Vergleich zu den Regenerationen der Seifen an Abrasionsküsten ist unter den gleichbleibenden Bedingungen in den Ablagerungsgebieten an Akkumulationsküsten mit einer stetigen Materialzufuhr resp. Durchwanderung von schwermineralhaltigem Material zu rechnen. Der Umfang der Regeneration wird dabei von der Größe des Materialversatzes und dem in ihm enthaltenen Schwermineralgehalt bestimmt.

Geologische Aufnahmeverfahren

Der überwiegende Teil der an der südlichen Ostsee nachgewiesenen Schwermineralseifen liegt unverdeckt oder nur schwach verdeckt auf dem Strandplanum sowohl als Strandwall- als auch als Kliffuß- resp. Dünenfußseifen. Die gut sichtbaren Schwermineralanreicherungen können deshalb durch entsprechende kleinmaßstäbliche Luftaufnahmen binnen kurzer Zeit erfaßt werden. Sie ermöglichen bereits eine Gesamteinschätzung der vorhandenen Seifenvorkommen und bieten bei periodischer Wiederholung entsprechende Hinweise über die Verlagerung, Zerstörung oder über die Regeneration der Seifen. Die bisherigen Aufnahmen lassen derartige Schlußfolgerungen noch nicht zu. Es erscheint jedoch notwendig, daß der periodisch zu wiederholenden Luftaufnahme von Seifenvorkommen mehr als bisher Beachtung geschenkt wird.

Zur Klärung der Lagerungsverhältnisse der Seifen genügen meistens Schürfe, deren Teufe von der Lage des Meerwasserspiegels, des anstehenden Gesteins bzw. von der Mächtigkeit der den Strand aufbauenden holozänen, sandigen Sedimente bestimmt wird. Die Aufnahme der horizontalen Verbreitung der einzelnen Seifenablagerungen erfolgt am besten durch senkrecht zur Küste verlaufende Schurfreihen, deren Abstände untereinander von der Größe der jeweiligen Anreicherungszone abhängig sind. Eine Festlegung des Abstandes der Profilreihen ist möglichst durch vorangegangene Befahrungen zu treffen. Bei den Sucharbeiten an der mecklenburgischen Küste betrug beispielsweise der Abstand der Schurfreihen im Bereich von Seifenablagerungen 250 m oder 500 m, in schwermineralarmen Küstenabschnitten ohne nennenswerte Anreicherungen dagegen durchschnittlich 1000 m. Es ist verständlich, daß sich bei höheren Erkundungsstadien die genannten Abstände wesentlich verringern. Der Abstand der rechtwinklig zur Küste in einer Schurfreihe angeordneten Schürfe richtet sich vor allem nach der Breite der einzelnen Anreicherungszonen. Im allgemeinen schwankt diese zwischen 5 und 20 m, so daß sich bei Sucharbeiten ein Schurfabstand von 5 m im Bereich von Seifen als zweckmäßig erwies. Bei Erkundungsarbeiten sollten jedoch, soweit die Seifen nicht zu stark verdeckt sind, die Abgrenzungen durch Schurfgräben ermittelt werden.

Der Einsatz von Peilstangenbohrungen zum Nachweis von litoralen Schwermineralseifen ist bisher nur bei subrezenten Litoralseifen, also bei relativ stärker verdeckten Ablagerungen, zur Anwendung gekommen.

Geophysikalische Verfahren

Im wesentlichen sind zum Nachweis von Litoralseifen an der südlichen Ostsee zwei geophysikalische Methoden angewandt worden, und zwar die Radiometrie und die Magnetik. Der Einsatz der Radiometrie ergab bisher ein negatives Resultat. Die magnetischen Effekte sind erheblich stärker. Der Einsatz der Magnetik wird jedoch stark begrenzt durch metallisches Strandgut und die Zerstörung resp. Verdünnung der Seifen während des Urlauberverkehrs.

Sedimentpetrographische Untersuchungen

Die sedimentpetrographischen Untersuchungen konzentrieren sich im wesentlichen auf Sieb- und Schwermineralanalysen nach bekannten Methoden.

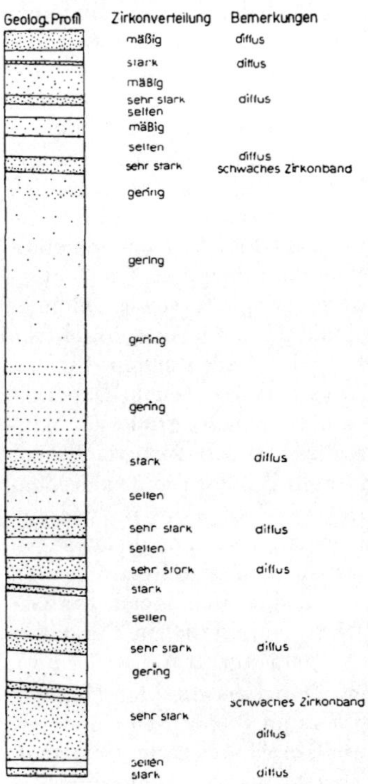

Abb. 3. Zirkonverteilung in einem Seifenlackprofil bei Zempin/Usedom

1 — Schwermineralien, 2 — Quarzsand (Maßstab etwa 1:3)

Chemische Untersuchungen

Bei den chemischen Analysen zum quantitativen Nachweis von Zr und Ti wurde von H. UNGETHÜM (1961) ein neues Verfahren entwickelt.

Physikalische Verfahren

An physikalischen Verfahren wurden bisher bei der Bearbeitung von Seifenproben röntgenspektrometrische Untersuchungen und Aufnahmen bei monochromatischem Licht angewandt.

Die bisherigen röntgenspektrometrischen Analysen ergaben nach einer Eichung der Kurvendiagramme eine schnelle und exakte quantitative Bestimmung gewisser Elemente wie Ti oder Zr und ersetzten bis auf festgelegte Kontrollanalysen langwierige chemische Analysen.

Die Anwendung von monochromatischem Licht zum Nachweis bestimmter Minerale, wie z. B. Zirkon, ist nicht neu. Bei der Durchsicht von Seifenlackprofilen erhält man unter der Quarzlampe (UV-Licht) jedoch nicht nur Hinweise über das Vorhandensein oder Nichtvorhandensein der lumineszierenden Zirkone, sondern gleichzeitig einen Einblick in die Lagerungsverhältnisse derartiger Minerale. Die Festlegung der Konzentration erfolgte nach der Zahl der lumineszierenden Zirkone, wobei folgende Einstufung vorgenommen wurde:

0 — 1 Korn	/cm²	= selten
— 5 Körner/	,,	= gering
— 10 Körner/	,,	= mäßig
— 20 Körner/	,,	= stark
> 20 Körner/	,,	= sehr stark

In der Abb. 3 ist das Ergebnis eines untersuchten Seifenlackprofiles dargestellt. Im einzelnen ergaben die Untersuchungen folgendes Resultat:

1. Die Zirkonkonzentration ist abhängig von der Schwermineralkonzentration. Mit der Abnahme der Schwermineralkonzentration nimmt auch die Zirkonkonzentration ab.

2. Eine bandförmige Anordnung von Zirkonmineralien tritt nur bei sehr starken Schwermineralkonzentrationen auf, wobei die Zirkonbänder vorwiegend in dem liegenden Teil des jeweiligen Schwermineralkonzentrates angeordnet sind. Sobald sich zwei hochkonzentrierte Schwerminerallagen, in denen die Zirkone linear geordnet sind, vereinen, geht die lineare Anordnung verloren. An ihre Stelle tritt eine diffuse Verteilung.

3. Im allgemeinen sind innerhalb der Schwermineralllagen die Zirkone diffus verteilt. In einzelnen Fällen, besonders in schwachkonzentrierten Schwermineralllagen, waren keine bzw. nur selten Zirkone vorhanden.

4. Die „tauben" quarzreichen Lagen sind zirkonarm. Zirkonfreie Lagen wurden nicht beobachtet.

Zusammenfassung

In der vorliegenden Arbeit wird der Versuch unternommen, die bisher gesammelten Erfahrungen bei der Erkundung von Schwermineralseifen an der südlichen Ostseeküste auszuwerten und darzustellen. Ausgehend von den im Litoral vorhandenen Bedingungen, erfolgt eine Einschätzung der Eigenheiten der Litoralseifen, die sich vor allem in der Stabilität der Seifen, der Veränderung der Mineralverteilung innerhalb derselben und der Regenerationen zeigen. In dem daran anschließenden Überblick über die bisher angewandten Aufnahme- und Untersuchungsverfahren werden die erzielten Ergebnisse diskutiert und Hinweise über die Zweckmäßigkeit der einzelnen Verfahren und Methoden gegeben.

Резюме

На примере опубликованных в литературе наблюдений и личных подробных исследований автор сообщает некоторые результаты разведки россыпей на южном берегу Балтийского моря. Особое внимание уделяется предпосылкам и условиям стабильности и изменения этих прибрежных россыпей. В заключение дается оценка нескольких методов в отношении их применимости к этой специальной местности.

Summary

In the light of observations published in literature and own thorough investigations the author informs about some results obtained by the reconnaissance of heavy mineral placers on the southern Baltic coast. Special attention is given to assumptions and conditions of stability and alterations of these littoral placers. The paper concludes with an estimate of some methods and their application to this particular locality.

Literatur

BÜLOW, K. v.: Schwermineralseifen an der mecklenburgischen Ostseeküste. — Arch. Lagerstättenforsch., H. 81, Berlin 1951.

ENGELHARDT, W. v.: Über die Schwermineralsande der Ostseeküste zwischen Warnemünde und Darßer Ort und ihre Bildung durch die Brandung. — Z. angew. Mineral., 1, 1937.

GEISSLER, A.: Schwermineraluntersuchungen an der Lubminer Küste. — 13. Mitt .Geol. Inst. Univ. Greifswald, Greifswald 1940.

LARSEN, G.: Schwermineralvorkommen in Dänemark. — Kopenhagen 1960.

LUDWIG, G. & K. VOLLBRECHT: Die allgemeinen Bildungsbedingungen litoraler Schwermineralkonzentrate und ihre Bedeutung für die Auffindung sedimentärer Lagerstätten. — Geologie, 6, Berlin 1957.

SINDOWSKI, K. H.: Korngrößen- und Schwermineralverteilung in rezenten Strandsedimenten der mecklenburgischen Ostseeküste. — Zbl. Min., Abtl. A, Stuttgart 1938.

UNGETHÜM, H.: Bestimmung des Zirkoniums in rezenten Seifen, Kaolinen, Schwermineralkonzentraten und anderen natürlichen Rohstoffen. — Z. angew. Geol., 7, 422—426 (1961).

WEYL, R.: Marine Granat-Erzseifen der schleswig-holsteinischen Küsten und ihre Regelmäßigkeiten in der Korngrößen- und Mineralverteilung. — Z. Geschiebeforsch., 13, Berlin 1937.

Geomagnetische Feldwaagen[1]

(Mitteilung aus dem Geomagnetischen Institut Potsdam — Nr. 93)

GERHARD FANSELAU, Potsdam

Seit ADOLF SCHMIDT im Jahre 1907 den erfolgreichen Versuch unternommen hatte, die bisher nur im Observatoriumsbetrieb eingesetzte geomagnetische Schneidenwaage zur Messung der Vertikalintensität für Feldmessungen umzukonstruieren, sind solche Feldwaagen in steigendem Maße für die Lagerstättenforschung eingesetzt worden. Auch heute noch bilden sie ein wichtiges Hilfsmittel für die geophysikalische Erkundung, wenn auch zu den Feldwaagen neuere Geräte hinzugekommen sind. Die neuen Meßmethoden, die zum Teil nach der Saturationskernmethode, zum Teil nach der Methode der Kernresonanz arbeiten, sind den Feldwaagen im Hinblick auf die Schnelligkeit des Meßvorganges überlegen, andererseits erfordern sie einen recht erheblichen Aufwand an Transportmitteln sowie elektronischem und elektrischem Hilfsgerät, so daß sie auch in Zukunft sicher nicht imstande sein werden, die an Einfachheit in ihrer Konstruktion nicht zu überbietenden geomagnetischen Feldwaagen völlig zu verdrängen. Zudem muß man bedenken, daß die heute verfügbaren geomagnetischen Feldwaagen, die statt der Schneidenlagerung eine Bandaufhängung des Magnetsystems aufweisen, eine sehr rasche Durchführung der Messungen erlauben, so daß diese Geräte, besonders auch im Hinblick auf ihr geringes Gewicht, heute noch durchaus konkurrenzfähig bleiben. Im folgenden werden einige nähere Angaben über die am Geomagnetischen Observatorium Niemegk entwickelten Feldwaagen gemacht.

Es ist kaum nötig, auf die Vorteile hinzuweisen, die der Übergang von der Schneidenlagerung zur Bandaufhängung für ein Meßgerät mit sich bringt. Besonders dann, wenn das Gerät einem rauhen Feldbetrieb in Transport und Meßdurchführung ausgesetzt ist, bedeutet bei einem schneidengelagerten Meßsystem der Vorgang der Desarretierung des Magnetsystems einen Akt, bei dem größte Vorsicht am Platze ist. Dagegen ist bei einem bandaufgehängten Magnetsystem diese Vorsicht nicht mehr nötig. Ein zu schnelles und zu unvorsichtiges Aufsetzen des Magnetsystems auf die Schneide kann zu Basissprüngen, wenn nicht sogar zu Beschädigungen von Schneide und Lager führen. Alle diese Gefahren sind bei einem bandaufgehängten Magnetsystem nicht vorhanden. Das Desarretieren kann also wesentlich schneller und robuster erfolgen. Besonders wichtig aber ist die Tatsache, daß ein Vergessen des Arretierens des Magnetsystems nach Durchführung der Messung und daran anschließendem Transport, z. B. im Kraftwagen auf schlechten Straßen, bei einer Feldwaage mit Schneidenlagerung unbedingt zu einem Totalschaden des Magnetsystems führen muß, wie die Erfahrung gezeigt hat, während bei einem bandaufgehängten Magnetsystem höchstens gelegentlich ein Basissprung zu verzeichnen ist.

Neben diesen rein mechanischen Vorzügen der Bandaufhängung, die sich auf die Stabilität des Basisstandes des Gerätes vorteilhaft auswirkt, sind aber noch einige wesentliche meßtechnische Vorteile zu nennen. An erster Stelle sei hier verwiesen auf die Erweiterung des Meßbereiches durch Anwendung der Torsion. Bei einer schneidengelagerten Feldwaage muß man zur Erweiterung des Meßbereiches zwangsläufig zu Rücklenkungsmagneten greifen, die die Intensität der zu messenden Feldkomponente so weit verringern, daß der Indikator innerhalb der Okularskala bleibt. Die Verwendung solcher Rücklenkungsmagnete hat selbstverständlich wesentliche Nachteile. Als solche seien nur erwähnt: die Inkonstanz und Temperaturabhängigkeit des magnetischen Momentes der Rücklenkungsmagnete, Ungenauigkeiten der Justierung dieser Magnete sowie Inhomogenität des erzeugten Magnetfeldes. Alle diese Nachteile kann man bei Verwendung der Fadentorsion für die Rücklenkung des Magnetsystems vermeiden. Dabei ist es möglich, dem Band verhältnismäßig große Vorspannungen zu geben. Der reversible Torsionsbereich liegt bei den gegenwärtig benutzten Bändern in der Größenordnung von 3,2°/cm. Bei einer Länge des Bandes von 12,5 cm, wie es bei den geomagnetischen Feldwaagen benutzt wird, bedeutet das eine zulässige Gesamttorsion von 40°. Es ist also möglich, den Meßbereich des Gerätes um etwa $\pm$ 20000 γ zu erweitern, ein Gerät mit einem Skalenwert von 10 γ vorausgesetzt.

Neben diesen Vorteilen, die bei der direkten Messung sofort ins Auge fallen, gibt es noch eine Reihe anderer, die bei der Justierung des Gerätes von Bedeutung sind. Die Bandaufhängung gestattet es, in recht einfacher Weise den wahren Nullpunkt des Gerätes festzustellen, indem z. B. bei einer Vertikalwaage das Gerät um die lotrechte Achse gedreht wird. Behält der Indikator in der Okularskala des Fernrohres seine unveränderte Lage bei, dann befindet sich das Magnetsystem in exakter Horizontalstellung, d. h. in der sogenannten Sollstellung

[1] Diesen Artikel hat uns der Verf. freundlicherweise zur Verfügung gestellt, um die Vorzüge dieser Neukonstruktion den Geologen und Nichtgeophysikern in unseren Reihen zu erläutern.

Eingang des Manuskripts in der Redaktion: 27. 9. 1961

für die Messung der Vertikalkomponente. Auch alle anderen Justierungen lassen sich mit Hilfe eines am Bande aufgehängten Magnetsystems wesentlich exakter und sorgfältiger durchführen. Die Stabilität des Gerätes läßt es ohne weiteres zu, auch mit dem Nordpol des Magnetsystems im Süden zu messen. Der Skalenwert des Gerätes verringert sich dabei um etwa 5 γ (gültig für Potsdam), so daß eine Feldwaage, die in der üblichen Lage einen Skalenwert von 10 γ aufweist, bei Messungen mit dem Nordpol des Magnetsystems im Süden einen Skalenwert von 5 γ besitzt. Die Veränderung des Skalenwertes ist natürlich abhängig von der magnetischen Breite.

Die Erhöhung der Empfindlichkeit des Gerätes im Felde hat oft Bedeutung, nicht zuletzt, wenn es sich darum handelt, an Ort und Stelle Messungen der Gesteinssuszeptibilität von Handstücken vorzunehmen. Entsprechend steigt der Skalenwert bei Messungen in der Lage des Magnetsystems Nordpol im Norden auf 15 γ. Das Gerät wird also unempfindlich, was gelegentlich von Nutzen sein kann.

Es bedarf also keiner besonderen Erwähnung, daß die Geräte temperaturkompensiert sind. Auch hier bietet die Bandaufhängung insofern einen Vorteil, als auf die Invarspindel, wie sie üblicherweise bei dem schneidengelagerten Magnetsystem zur Kompensation benutzt wird, verzichtet werden kann. Es ist möglich, den Magneten selbst exzentrisch zu lagern und in seiner temperaturbedingten Längenänderung an Stelle einer Invarspindel zu benutzen.

Auf einen großen Vorteil sei noch hingewiesen. Es ist möglich, das Gerät in besonderer Weise so abzustimmen, daß die Neigungsempfindlichkeit verschwindet. An dem Magnetsystem greifen insgesamt drei Drehmomente an: das des geomagnetischen Feldes, das der Erdschwere und das der Torsion. Man kann durch eine besondere Wahl der Lage des Schwerpunktes das Drehmoment der Erdschwere dem des geomagnetischen Feldes entgegengesetzt gleichmachen. Auf diese Weise bleibt nur noch das Drehmoment der Torsion wirksam, so daß das Meßgerät ebenso reagiert wie ein in seinem Schwerpunkt aufgehängter unmagnetischer Körper. Das Magnetsystem folgt also jetzt im vollen Umfang den Änderungen der Torsion des Aufhängebandes. Wird also das Gerät um die Längsachse des Aufhängebandes geneigt, eine Neigung, die man an der quer zum Band stehenden Libelle ablesen kann, dann wird ein auf diese Weise abgestimmtes Gerät in der Okularskala keinen Neigungseffekt erkennen lassen, weil ja der Magnet vollständig der Torsion folgt. Natürlich neigt sich der Magnet als Ganzes gesehen, und es wird strenggenommen nicht mehr die Vertikalkomponente Z, sondern vielmehr der Betrag $Z \cdot \cos \varepsilon$ gemessen, wobei ε den kleinen Winkel der Geräteneigung bedeutet. Der so entstehende Fehler ist aber sehr gering und gar nicht zu vergleichen mit jenem Fehler, der dadurch entsteht, daß der Magnet mit der Torsion des Bandes nicht mitgeht und sich infolgedessen relativ zur Okularskala verschiebt. Die hierdurch bedingte Neigungsempfindlichkeit ist so groß, daß das Gerät mindestens auf $^1/_{10}$ Minute nivelliert werden muß — ein Skalenwert von 10 γ vorausgesetzt —, andernfalls genügt ein Nivellement von etwa 0,5°. Welche Beschleunigung das im praktischen Meßbetrieb bedeutet, kann jeder ermessen, der häufig mit den Geräten im Gelände gearbeitet hat. Vor allen Dingen machen Temperatureinflüsse auf die Libellen und das Stativ den Vorgang des Nivellierens zu einem recht zeitraubenden und bedingen eigentlich in der Hauptsache die Dauer einer einzelnen Messung. Eine unempfindliche Libelle, es genügt fast eine Dosenlibelle, ist in wesentlich kürzerer Zeit eingestellt, und der gesamte Meßvorgang läßt nun in seiner Schnelligkeit die Überlegenheit der Bandaufhängung gegenüber der Schneidenlagerung erst recht in Erscheinung treten; denn an einem schneidengelagerten Gerät ist eine solche Abstimmung nicht möglich. Es sei erwähnt, daß durch die Festlegung der Lage des Schwerpunktes natürlich auch die Empfindlichkeit des Gerätes bestimmt ist und bei den gegenwärtig zur Verwendung gelangenden Bandabmessungen und Magnetmomenten etwa bei 14 γ liegt. Die geringe Verminderung der Genauigkeit wird aber durch die Einsparung an Zeit wesentlich ausgeglichen, wenn überhaupt von einer solchen Verminderung geredet werden kann; denn selbstverständlich bringt eine ungenaue Nivellierung auch eines empfindlicheren Gerätes nicht unbeachtliche Fehler in die Messung.

Gegenwärtig sind Feldwaagen mit etwas längerem Band in Erprobung, die bei einer neigungsunempfindlichen Abstimmung auf einen Skalenwert von 7 γ führen. Mißt man z. B. mit einer Feldwaage für die Vertikalintensität, nicht wie allgemein üblich, in den beiden Lagen Nordpol im Osten und im Westen, sondern in der Lage Nordpol im Norden, so ist das Gerät auch für die Libelle längs des Aufhängebandes neigungsunempfindlich und stellt damit eigentlich das ideale Meßgerät für die Vertikalkomponente dar. Die geringen Einflüsse der Horizontalintensität, die bei Messung im magnetischen Meridian in Kauf genommen werden müssen, sind durch eine leichte Korrektur jederzeit zu berücksichtigen. Solche Korrekturen fallen völlig weg, wenn man das Gerät in der Nullmethode benutzt, d. h., wenn man bei jeder Messung durch Verstellung der Torsion das Magnetsystem in die ursprüngliche Ausgangslage zurückholt. Der Magnet befindet sich im Falle der Messung der Vertikalkomponente dann stets exakt in seiner horizontalen Soll-Lage und wird unabhängig von seiner

Abb. 1. Normale Feldwaage zur Messung der Horizontal- oder Vertikalintensität, Skalenwert 10 γ pro pars

Abb. 2. Normale Feldwaage mit aufgesetztem Zusatzgerät zur Bestimmung der Suszeptibilität

Abb. 3. Normale Feldwaage mit aufgesetztem Registriergerät

Abb. 4. Rapidfeldwaage zur Messung der Vertikalintensität

Stellung zum magnetischen Meridian von der horizontalen Störkomponente nicht beeinflußt. Ein solches Gerät befindet sich gegenwärtig in der Entwicklung und konnte mit bestem Erfolg eingesetzt werden.

Abb. 1 zeigt die geomagnetische Feldwaage in der jetzt vom VEB Geophysikalischer Gerätebau in Brieselang gefertigten Form, Abmessungen: 23 ×19×11,5 cm; Gewicht: 1,8 kg; Gewicht mit Transportkasten und Bussole: 4 kg.

Es sei erwähnt, daß zu den geomagnetischen Feldwaagen einige Zusatzgeräte benutzt werden können, die für die Praxis von Bedeutung sind: zunächst das Meßgerät für Gesteinssuszeptibilität, das auf die Feldwaage aufgesetzt werden kann und nach vorher erfolgter Eichung die Bestimmung der Suszeptibilität durch den Ausschlag an der Okularskala ermöglicht. Dieses kleine Zusatzgerät (Abb. 2) besteht im wesentlichen aus einem Zylindergefäß, das mit Hilfe eines entsprechenden Halters wahlweise in drei festen Entfernungen vom Waagemagneten auf das Gerät aufgesetzt werden kann. Die Induktionswirkung des verhältnismäßig starken Magneten der Feldwaage — sein Moment beträgt beiläufig etwa 1000 bis 1100 $\Gamma \cdot cm^3$ — ruft in dem zu untersuchenden Probekörper einen induktiven Magnetismus hervor, dessen Wirkung auf den Waagemagneten beobachtet werden kann. Es ist notwendig, den Probekörper zu zermahlen. Der Meßbereich für die Suszeptibilitätsmessungen reicht etwa von $4 \cdot 10^{-3}$ cgs bis $5 \cdot 10^{-7}$ cgs, ein Skalenwert von 10 γ vorausgesetzt. Werden nur angenäherte Werte der Suszeptibilität benötigt, so genügt es, ein Handstück in bestimmter Weise der Feldwaage zu nähern. Auch hier kann mit Vorteil die für das Gefäß vorgesehene Haltevorrichtung benutzt werden. Für praktische Übersichtsmessungen ist diese Methode durchaus von großem Wert.

Als zweites Zusatzgerät sei der Registrieraufsatz genannt, durch dessen Verwendung jede Feldwaage als stationäres Registriergerät benutzt werden kann. Nach Entfernung des Ablesefernrohres der Waage kann an dessen Stelle, wie in Abb. 3 zu erkennen ist, das Registriergerät aufgesetzt werden. Das Gewicht des Registriergerätes beträgt 3 kg, der Lichtweg in seinem Inneren 1,0 m. Gespeist wird die Registrierlampe von einem 6-V-Akku. Jede Stunde unterbricht eine Kontaktuhr den Stromkreis für 1 Minute. Zur Registrierung wird normaler 17°-DIN-Feinkornfilm verwendet. Die Registrierbreite des Filmes erfaßt 220 γ. Der Filmvorschub beträgt 18 mm pro h. Ausgewertet wird der entwickelte Registrierfilm mit einem Auswertegerät von 10facher Vergrößerung, wodurch eine Sicherheit der Variationsaufnahme von 1 γ gewährleistet ist.

Zum Schluß soll auf eine vereinfachte Feldwaage hingewiesen werden, mit deren Hilfe es möglich ist, Messungen der Vertikalintensität in recht kurzer Zeit durchzuführen. Es handelt sich um die sogenannte Rapidfeldwaage, die in Abb. 4 und 5 dargestellt wird. An sich bietet dieses Gerät konstruktiv nichts Neues gegenüber der normalen Feldwaage. Es gelangte lediglich ein etwas stärkeres Aufhängeband zur Verwendung, wodurch eine geringere Empfindlichkeit erzielt wird. Der Skalenwert dieser Waage liegt ungefähr bei 45—50 γ pro pars. Das Gerät ist wesentlich stabiler als die normale Feldwaage, gestattet natürlich aber auch nur Messungen von geringerer Genauigkeit. Solche Messungen sind jedoch sehr häufig er-

Abb. 5. Rapidfeldwaage zur Messung der Vertikalintensität im Einsatz

wünscht, vor allen Dingen im Rahmen sogenannter Übersichtsmessungen, wo es weniger auf exakte Werte als auf schnelle Durchführung ankommt. Das Gerät wird in der Lage Nordpol nach Norden benutzt und ist auf diese Weise neigungsunabhängig. Es bleibt während des Meßvorganges ständig mit dem Stativ verbunden. Die Aufstellung kann in kürzester Zeit erfolgen, da ein genaues Nivellieren nicht erforderlich ist. Auch das Einnorden des Gerätes ist nicht mit großer Genauigkeit nötig. Abweichungen vom magnetischen Meridian bis zu 20° können ohne weiteres in Kauf genommen werden, ohne das Meßergebnis zu fälschen. Es ist also nur notwendig, bei Vermessung eines Profils ungefähr über die Nordrichtung unterrrichtet zu sein, um dann das Gerät relativ zu dieser Richtung nach Augenmaß aufzustellen. Die Einzelmessung mit einem solchen Gerät nimmt höchstens 20—30 Sekunden in Anspruch. Das Gerät ist wesentlich leichter als die normale Feldwaage, sein Gewicht beträgt nur etwa 700 g, mit Lederetui 1000 g. Es kann also mühelos auch in schwierigem Gelände transportiert werden, vor allen Dingen, da es stets mit dem Stativ verbunden bleibt[2]).

In den vorliegenden Ausführungen wurde bewußt darauf verzichtet, die an sich sehr einfachen physikalischen Vorgänge mathematisch zu erfassen. Aus dem dieser Arbeit beigefügten Literaturverzeichnis sei besonders auf die Beiträge von H. WIESE verwiesen, die in dem Handbuch Geomagnetismus und Aeronomie, Band II, ,,Geomagnetische Instrumente und Meßmethoden", veröffentlicht worden sind. In diesen Beiträgen sind ausführlich die geomagnetischen relativen Geräte, darunter an erster Stelle die geomagnetischen Feldwaagen, in vollständiger mathematischer Form behandelt worden. Alle einschlägigen Fragen nach Empfindlichkeit, Justierung, Kompensation, Störfeldeinfluß u. ä. sind dort nachzulesen. Von Interesse für den Praktiker sind auch die Abschnitte über die Durchführung magnetischer Messungen im Gelände. Vom VEB Geophysikalischer Gerätebau in Brieselang sind über diese wichtigen Abschnitte Sonderdrucke erhältlich. Diese Sonderdrucke werden auch jedem Gerät beigegeben.

[2]) Für weitere Auskünfte über die beschriebenen Geräte steht das Geomagnetische Institut der Deutschen Akademie der Wissenschaften zu Berlin Potsdam, Telegrafenberg, gern zur Verfügung.

Zusammenfassung

Die von der angewandten Geophysik zur Durchführung von Feldarbeiten eingesetzten geomagnetischen Geräte werden näher beschrieben. Es handelt sich um die Neukonstruktion des VEB Geophysikalischer Gerätebau in Brieselang (Krs. Nauen). Im einzelnen wird berichtet über die einfache Bandwaage zur Bestimmung der Horizontal- und Vertikalintensität, über die Rapidfeldwaage zur Durchführung von Messungen der Vertikalintensität mit geringerer Genauigkeit, ferner über Zusatzgeräte zu den Feldwaagen zur Aufzeichnung der zeitlichen Variationen und zur Durchführung von Suszeptibilitätsmessungen. Auf eine in Vorbereitung befindliche kombinierte Feldwaage nach der Nullmethode wird hingewiesen.

Резюме

Детально описываются применяемые прикладной геофизикой геомагнитные приборы для проведения полевых работ.

Речь идет о новых конструкциях народного предприятия ,,Геофизическое приборостроение" в Бризеланг (район Наузн). В частности, сообщается о простых ленточных весах для определения горизонтальной и вертикальной интенсивностей, об экспрессных полевых весах для проведения измерений вертикальной интенсивности с меньшей точностью, а дальше о добавочных приборах для записи временных колебаний и для проведения измерений восприимчивости. Указывается на комбинированные полевые весы по нулевому методу, находящиеся в стадии подготовки.

Summary

A detailed description is given of geomagnetic instruments used by applied geophysics to carry out field work. The instruments in question are new designs of VEB Geophysikalischer Gerätebau at Brieselang (district of Nauen). The description includes the single tape balance to determine horizontal and vertical intensity, the rapid field balance to carry out low accuracy measurements of vertical intensity, as well as additional equipment for field balances to record time variations and to carry out susceptibility measurements. Attention is drawn to a null-reading type of combined field balance now under construction.

Literatur

FANSELAU, G.: Über eine neue magnetische Vertikalfadenwaage. — Z. Meteorologie, 2, H. 7/8, S. 216, Berlin 1948.
— Weitere Versuche mit der magnetischen Fadenwaage. — Z. Meteorologie, 5, S. 239, Berlin 1951.
— Über die Neigungsempfindlichkeit geomagnetischer Feldwaagen. — Met. u. Hydr. Dienst d. DDR, Geomagn. Inst. u. Obs. Potsdam/Niemegk, Erdmagn. Jahrbuch mit wissensch. Mitt., 1953.
— Über die Reduktion von Messungen mit den magnetischen Feldwaagen, speziell der kombinierten Fadenwaage. — Freib. Forsch.-H., C 22, S. 5, 1956.
WIESE, H.: Theorie der klassischen geomagnetischen Instrumente. — In: Handbuch Geomagnetismus und Aeronomie, Bd. II, ,,Geomagnetische Instrumente und Meßmethoden", Kap. 5, Hrsg. Prof. Dr. FANSELAU, VEB Deutscher Verlag der Wissenschaften, Berlin 1960.

Versuch einer Gliederung des Territoriums der UdSSR in metallogenetische Provinzen[1])

(Teil II)

W. I. SMIRNOW, Moskau

Die Hauptepochen der endogenen Erzbildung auf dem Territorium der UdSSR

Die archaische Epoche

Hier handelt es sich um Lagerstätten auf Tafeln und einzelnen Massiven älterer Gesteine des Vorpaläozoikums. Die Lagerstätten sind bekannt in gefalteten Gebieten späterer Zyklen. Als besonders charakteristische Gebiete dieses Typs sind anzusprechen:

der Baltische und Ukrainische Schild der Russischen Tafel, der Aldaner Schild, das Anabarsker Massiv, die Jenissejer Hebung und der östliche Teil von Ostsajan auf der Sibirischen Tafel.

[1]) Aus: ,,Iswestija Akademii Nauk SSSR", Geol. Serie, Nr. 4, 1959. — Übers.: W. OESTREICH

Bei der Bildung der magmatischen Gesteine der archaischen Ära herrschten palingene Prozesse vor, die äußerst ungünstig für die Erzbildung sind. Wir treffen daher im Archaikum nur die charakteristischen metamorphogenen Lagerstätten der Eisenquarzite. Von den magmatogenen Lagerstätten dieser Epoche haben nur die keramischen und Glimmer-Pegmatite eine untergeordnete Bedeutung.

Die proterozoische Epoche

Diese Lagerstätten haben einen spezifischen Charakter, sind aber bedeutend vielfältiger. Sie sind auf den Flächen der archaischen Komplexe ausgeprägt und überdecken sie. Weiterhin liegen sie auf einem weiten

Territorium des Baikal-Faltenkomplexes, dem Witima-Plateau und dem Stanowoi-Gebirge. Weitere Verbreitung haben diese Lagerstätten auf großen Flächen des Altais und Sajans.

In dieser Epoche faßt man die frühe Gruppe der ultrabasischen und basischen Gesteine mit den späteren sauren Intrusionen zusammen. Die späteren sauren Gesteine teilt man in zwei Phasen, die Granodiorite und die Granite und Alaskite. Kleinintrusionen, die das magmatische Stadium abschließen, sind im Proterozoikum nicht bekannt.

Für diese Epoche sind charakteristisch:

1. magmatische Lagerstätten basischer Gesteine mit Ilmenit-Magnetit-Erzen und sulfidischen Cu-Ni-Erzen;
2. glimmerführende Pegmatite saurer Gesteine;
3. hydrothermale Gold- und Pyritlagerstätten.

In dieser Epoche herrschen Lagerstätten des Eisens, Titans, Nickels (manchmal Kobalts und Platins), Kupfers, Vanadiums und Goldes vor.

Die kaledonische metallogenetische Epoche

Diese Epoche beschließt die endogene Erzbildung für den Altai und Sajan. Für den größten Teil Kasachstans und der nördlichen Zone des Tienschan ist diese Epoche der Vorläufer der herzynischen metallogenetischen Epoche. Endogene Lagerstätten der kaledonischen Epoche sind auch in Massiven alter Komplexe der herzynischen und jüngeren Faltengebiete bekannt (Ural, Kaukasus, Transbaikalien-Küstenprovinzen).

Die Hauptintrusionen des Frühstadiums sind in den kaledonischen Provinzen schwach entwickelt. Weite Verbreitung erfuhren aber schwach saure Granitoide und die ihnen folgenden sauren Granite. Kleinintrusionen, die das Stadium des kaledonischen Zyklus beschließen, treten als Plutone alkalischer Gesteine im Ostsajan auf. Der Zeitpunkt der Bildung dieser Kleinintrusionen ist nicht genau festzulegen. Sie können auch bedeutend später entstanden sein. Für diese Epoche sind besonders charakteristisch:

1. verschiedene hydrothermale Goldlagerstätten in Quarzgängen, ferner Kies- und Skarnlagerstätten;
2. Fe-Lagerstätten.

Für die kaledonische Epoche sind keine bedeutenden magmatischen Lagerstätten festgestellt worden, mit Ausnahme der Titanomagnetitlagerstätten vom Kusiner Typ im Ural, die wahrscheinlich eine Bildung der kaledonischen Epoche sind. Ebenfalls sind die Ausmaße der Greisen- und eine Reihe hydrothermaler Lagerstätten von Buntmetallen und seltenen Metallen unbedeutend. Als Ausnahme kann man einige Quarz-Molybdänlagerstätten und Lagerstätten anderer Erze ansehen. Bedeutend für diese Epoche sind nur Gold-, Eisen- und teilweise Molybdänlagerstätten.

Die herzynische metallogenetische Epoche

Diese Epoche wird durch eine Vielzahl der verschiedensten sehr reichen Lagerstätten endogenen Ursprungs charakterisiert, im Gegensatz zu den vorangegangenen Epochen. Verbreitet sind die endogenen Erzlagerstätten dieses Typs im Ural, in Kasachstan, Mittelasien, in südlichen Teilen von Taimyr, der Tomsk-Koliwanischen Zone und auch in paläozoischen Massiven in Gebieten der mesokänozoischen Orogenesen.

In der herzynischen Epoche treffen wir, bedingt durch die Besonderheiten der einzelnen Provinzen, frühe Intrusionen ultrabasischer und basischer Gesteine verschieden starker Ausprägung an. Überall sind Komplexe granitoidischer Gesteine und die ihnen folgenden sauren Granite vorhanden. In einer Reihe von Aufschlüssen erkennt man sehr gut ausgebildete Kleinintrusionen, die als Endstadium des herzynischen Zyklus zu betrachten sind.

In der herzynischen Epoche bildeten sich bedeutende magmatische Lagerstätten des Chroms, Platins und Titanomagnetits, verbunden mit den ultrabasischen und basischen Gesteinen des Urals. Sehr charakteristisch sind die Skarnbildungen von Eisen, Kupfer, Wolfram und Polymetallen, die mit den Granitoiden der frühen Phase saurer Gesteine in Verbindung stehen. Nicht selten sind auch Pegmatitlagerstätten, Quarzgreisen und Quarzlagerstätten mit Zinn, Wolfram, Molybdän, die durch die folgenden Granit- und Alaskitintrusionen entstanden sind. Mit den Kleinintrusionen sind überall hydrothermale Lagerstätten mit Polymetallen und Kupfer verbunden.

In der herzynischen Epoche entstanden die größten Lagerstätten fast aller Metalle. Besonders seien hier die Lagerstätten des Fe, Ti, V, Cr, Cu, der Polymetalle, des W, Mo, Sn, Bi, Co, Au, Pt, Na, Nb angeführt.

Herzynische Lagerstätten des Tafelstadiums sind auf dem Baltischen Schild bekannt, sie werden später behandelt.

Die mesozoische metallogenetische Epoche

Die Evolution des Magmatismus ist äußerst originell. Man beobachtet eine sogenannte reziproke Reihenfolge der magmatischen Tiefenkomplexe und der mit ihnen verbundenen Lagerstätten. In den Frühstadien entstanden die Kleinintrusionen (vorbatholithische Intrusionen von Kolyma). Im Anschluß an die Kleinintrusionen drangen die sauren Granite und später die Granitoide ein. Besonders gut ist das im östlichen Teil von Transbaikalien zu beobachten. Basische Gesteine sind für die mesozoische Epoche absolut nicht charakteristisch. Lagerstätten dieser Epoche sind im Fernen Nordosten, im Kaukasus und in den Küstenprovinzen von Transbaikalien verbreitet. Die wichtigsten Lagerstätten sind:

1. hydrothermale Goldlagerstätten, gebunden an die frühen Kleinintrusionen und an die spätesten Granitoide;
2. Pegmatit-, Greisen- und Quarzlagerstätten von Zinn und Wolfram, die mit den sauren Graniten assoziieren;
3. hydrothermale und Skarnlagerstätten von Polymetallen, Kupfer, Arsen (Arsenopyrit), Molybdän, Wolfram und Baryt treten mit granitoidischen Intrusionen auf.

Magmatische Lagerstätten des Mesozoikums sind bisher noch nicht bekannt. Die Lagerstätten dieser Epoche assoziieren hauptsächlich mit den weniger sauren und sauren Intrusionen. Als Hauptlagerstätten kann man die des Goldes, der Polymetalle, des Arsens, Molybdäns, Wolframs und des Zinns ansprechen.

Die alpidische metallogenetische Epoche

Diese Epoche wird durch Lagerstätten des Fernen Nordostens, des östlichen Teiles des Küstengebietes von Transbaikalien, des Kaukasus, der Karpaten und des Kopet-Dag charakterisiert. Eine überall gut ausgeprägte Evolution im Laufe der Bildung der Eruptivgesteine und der damit verbundenen endogenen Lagerstätten ist nicht vorhanden. Örtlich sind gewisse Reihenfolgen der Intrusionen magmatischer Komplexe verschiedener Zusammensetzung bekannt. Die Intrusionen der basischen Gesteine sind in den meisten Fällen nicht charakteristisch, unabhängig davon, daß sie mancherorts vorhanden sind. Die großen sauren Intrusionen sind sehr unterschiedlich, nicht gesetzmäßig, ausgebildet.

Man beobachtet, daß sie häufig mit den Kleinintrusionen vermischt sind.

Für diese Epoche sind die verschiedenartigsten hydrothermalen Lagerstätten spezifisch. Bekannt sind Skarnlagerstätten des Eisens sowie der Polymetalle. Nicht typisch und sehr selten sind magmatische und Greisenlagerstättenbildungen.

Am weitesten sind die Lagerstätten des Cu, der Polymetalle, des W, Mo, Sn und Hg verbreitet. An einzelnen Stellen sind auch bedeutende Fe-, Sb-, As-, Co- und Ag-Lagerstätten ausgeprägt.

Die Tafelepoche

Zur endogenen Erzbildung kam es auf den vorpaläozoischen Tafeln in der herzynischen Epoche und im Mesozoikum. Unabhängig von der Zeit sind die magmatische Tätigkeit und die Vererzung in der Plattformperiode ähnlich und genügend spezifisch. Unter Tafelverhältnissen formierten sich zwei Komplexe eruptiver Gesteine, basischen und alkalischen Charakters. Mit den basischen Gesteinen sind magmatische Lagerstätten verbunden. Es handelt sich vorwiegend um sulfidische Kupfer-Nickel-Erze und auch Diamanten. In den Skarn- und hydrothermalen Lagerstätten treten Eisenerze auf. Mit den alkalischen Komplexen der Tafelperiode sind besonders die für diese Periode spezifischen Karbonatite und Albitite mit Anreicherungen von Mineralien des Ta, Nb, Ce und die hydrothermalen Goldlagerstätten zu nennen.

Einige allgemeine Gesetzmäßigkeiten in der Metallogenie auf dem Territorium der UdSSR

1. Für den proterozoischen, kaledonischen, herzynischen, mesozoischen und teilweise für den alpidischen Zyklus formierten sich fünf aufeinanderfolgende Gesteinskomplexe eruptiven Charakters, mit denen sich jeweils die entsprechenden endogenen Lagerstätten bildeten.

Im Geosynklinalstadium bilden sich als erster Komplex die ultrabasischen und basischen Gesteine. Die Größenordnungen der Komplexe sind verschieden. Mit diesen Gesteinen assoziieren magmatische und Skarnlagerstätten. In der Periode der Hauptphase der Faltung entsteht der zweite große Komplex weniger saurer Granitoide und die mit ihm verbundenen sehr verschiedenartigen Lagerstätten in Skarnen sowie auch hydrothermale Lagerstätten vorwiegend mit Molybdän- und Golderzführung. Anschließend an diesen Komplex bilden sich die ebenso großen Massive saurer Granitgesteine. Mit diesen Massiven treten Pegmatite, Greisen und Quarzgänge mit Sn, W, Mo, Be, Li und anderen Elementen auf. In der Übergangsperiode von der Geosynklinal- zur Tafelperiode entsteht der vierte Komplex kleiner Intrusionen komplizierter Zusammensetzung. Mit diesen Intrusionen assoziieren die verschiedensten hydrothermalen Lagerstätten. Zum Schluß, bereits in der Tafelperiode, kann sich der fünfte Komplex kleiner Intrusionen basischer oder alkalischer Zusammensetzung bilden, die nicht selten von Explosionsschloten begleitet sind. Mit diesen Schloten treten die schon obenerwähnten Lagerstätten auf.

2. Intrusionen des ersten Komplexes der ultrabasischen und basischen Gesteine findet man an sehr großen Störungen. Die Intrusionen des zweiten Komplexes granitoider Zusammensetzung bilden sich in den Randgebieten von Geosynklinalen, in ihren Schelfen. Gesteine des dritten Komplexes saurer Zusammensetzung liegen gewöhnlich in den Geosynklinaltrögen, längs der sich anschließenden zentralen Erhebungen. Die Kleinintrusionen des Übergangsstadiums liegen wieder längs großer Störungen, die gewöhnlich mit der streichenden Richtung der Geosynklinale zusammenfallen. Die Kleinintrusionen der Tafelperiode tendieren zu örtlichen tektonischen Störungen, die häufig rechtwinklig zur Längsachse der Geosynklinale auftreten. Die tektonische Gebundenheit der magmatischen Komplexe führt zur gesetzmäßigen räumlichen Anordnung bestimmter Gruppen endogener Lagerstätten.

3. Die fünf angeführten Komplexe eruptiver Gesteine und die mit ihnen verbundenen Lagerstätten sind in verschiedenen metallogenetischen Epochen nicht gleichmäßig stark ausgeprägt (Abb.).

Der erste Komplex ultrabasischer und basischer Gesteine ist einigermaßen gut im Proterozoikum ausgebildet. In der kaledonischen Epoche treten diese Gesteine etwas stärker hervor und erfahren in der herzynischen Epoche ihre größte Verbreitung. Allerdings sind sie in der letzten Epoche nicht überall ausgeprägt, hauptsächlich in der Uralgeosynklinale. Beginnend mit der mesozoischen Epoche, verringerten sich diese Intrusionen sehr stark. Der zweite Komplex der Granitoide ist in allen Epochen, mit Ausnahme der alpidischen, stark verbreitet. In der alpidischen Epoche ist eine Abnahme dieser Intrusionen zu verzeichnen. Ähnlich verhält es sich mit den Gesteinen des dritten Komplexes, die ebenfalls in der alpidischen Epoche schwächer ausgebildet sind. In der herzynischen Epoche sind die Kleinintrusionen gut ausgeprägt. Die stärkste Verbreitung erfahren sie in der alpidischen Epoche, während sie in den anderen Epochen fehlen.

4. Die ungleichmäßige Bildung der magmatischen Komplexe führte zur Bildung verschiedener genetischer Klassen von Erzlagerstätten mit unterschiedlicher Intensität. Die magmatischen Lagerstätten bildeten sich bis einschließlich der herzynischen Epoche, später beobachtete man keinerlei Bildungen. Pegmatitische

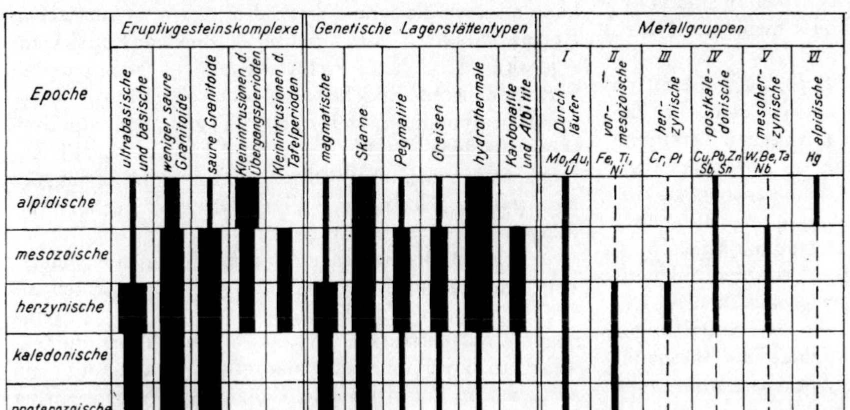

Intensität der Verbreitung von Eruptivgesteinen, genetische Typen endogener Erzlagerstätten einzelner Metallgruppen für verschiedene metallogenetische Epochen

Lagerstätten sind die ältesten bekannten Lagerstätten, und bis zur herzynischenEpoche führen sie nur keramische Rohstoffe und Glimmer. Beginnend mit der herzynischen Epoche treten in den Pegmatiten Lagerstätten seltener Metalle auf. Ähnlich sieht es bei den Greisenlagerstätten aus, die hauptsächlich in der herzynischen und mesozoischen Epoche ausgeprägt sind.

Hydrothermale Lagerstätten fehlen im Archaikum und im Proterozoikum, in der kaledonischen Epoche sind sie nur schwach ausgeprägt. In großem Umfang bildeten sie sich von der herzynischen bis zur alpidischen metallogenetischen Epoche. Als sehr beständig zeigten sich die Skarnlagerstätten, die aus allen Epochen bekannt sind.

5. Die angeführte Verteilung der Intrusionen und die genetischen Typen der magmatogenen Lagerstätten entsprechen bis zu einem gewissen Grad einigen Besonderheiten der chronologischen Entwicklung von Lagerstätten verschiedener Metalle. Von diesem Standpunkt aus nimmt die herzynische metallogenetische Epoche eine besondere Stellung ein. Diese Epoche ist charakterisiert durch eine große Verbreitung aller genetischen Lagerstättengruppen sämtlicher Metalle. Die herzynische Epoche stellt somit einen Umschwung in der Geschichte der endogenen Erzbildung auf dem Territorium der UdSSR dar.

Unter Berücksichtigung der angeführten Verhältnisse kann man die endogenen Erzlagerstätten in sechs Gruppen einteilen.

Zur ersten Gruppe gehören die Metalle, die als Durchläufer vom Proterozoikum bis zur alpidischen Epoche auftreten. Zu dieser Gruppe gehören Gold- und Molybdänlagerstätten. Zur zweiten Gruppe zählt man wirtschaftlich nutzbare Lagerstätten vom Proterozoikum bis einschließlich herzynische Epoche. Als charakteristische Metalle sind Fe, Ti und Ni anzusprechen. Die Lagerstätten der dritten Gruppe entstanden nur in der herzynischen Epoche. Als typische Metalle treten Pt und Cr auf. In der vierten Gruppe sind die Lagerstätten des Cu, Sb, Sn und der Polymetalle von der herzynischen bis zur alpidischen Epoche zusammengefaßt. Zur fünften Gruppe gehören Lagerstätten, die für die herzynische und mesozoische Epoche charakteristisch sind. Sie führen W, Ta, Nb und Ce. Die Lagerstätten der sechsten Gruppe sind besonders typisch für die alpidische Epoche, sie werden durch Hg charakterisiert.

6. Alle Erzprovinzen der UdSSR tragen polyzyklischen Charakter, d. h., auf ihrem Territorium sind endogene Lagerstätten von zwei, drei oder mehreren Zyklen bekannt.

In den Provinzen des zweiten Typs, die am meisten in der UdSSR verbreitet sind, beobachtet man eine Zunahme der Intensität der postmagmatischen Vererzung gegen das Ende des Bildungsprozesses im Rahmen eines jeden Zyklus, beginnend bei den frühesten bis zu den jüngsten. Gleichzeitig mit der Zunahme der Intensität der Vererzung verringert sich die magmatische Tätigkeit. Ausgehend von dem Gesagten, kann man folgende Regel formulieren: Im Laufe des geosynklinalen Bildungsprozesses und der Entstehung der Auffaltungen vermindert sich die Intrusionstätigkeit, die Intensität der postmagmatischen Erzbildung wächst, wobei man sprunghaftes Anwachsen beobachten kann.

7. Weiterhin beobachtet man eine Zunahme der Vielfältigkeit der Lagerstätten beim Übergang von älteren zu den mittleren Stadien. Am stärksten stellt man diese Erscheinung in den jüngsten Stadien der geologischen Zyklen fest. Im frühen Stadium eines beliebigen Zyklus formieren sich identische magmatische Lagerstätten von Chromit und Titanomagnetit. Lagerstätten dieses Typs sind charakteristisch für Geosynklinalen, während sich die sulfidischen Kupfer-Nickel-Erze unter Tafelbedingungen bilden. Die im mittleren Stadium gebildeten Skarnlagerstätten sind ähnlich den Pegmatit- und Greisenlagerstätten, die in der Hauptsache Mo-, W- und Zinnerze führen. Unter den zuletzt angeführten Lagerstätten gibt es einen Unterschied, der sich in der stärkeren Ausbildung des einen oder anderen Metalles in einzelnen Provinzen ausdrückt. Die größte Anzahl der verschiedensten Lagerstätten trifft man im späten Stadium. Häufig bestimmt das letzte Stadium den spezifischen Charakter der Metallogenie der einen oder anderen Provinz.

8. Für alle Erzprovinzen der UdSSR ist das Auftreten der verschiedensten Lagerstätten bestimmter Metalle charakteristisch, was dazu führt, daß jede Provinz ihre spezifischen Besonderheiten hat. Die Metalle, die am stärksten verbreitet sind und eine bedeutende Konzentration in den Lagerstätten einer Provinz aufweisen, können als typomorph angesprochen werden. Uns ist vorläufig der Grund dieser metallogenetischen Spezialisierung der einzelnen Provinzen nicht bekannt, man muß sie aber berücksichtigen.

Einige Geologen, die sich mit der Untersuchung der endogenen Lagerstätten in verschiedenen Provinzen beschäftigt haben, beobachteten ein wiederholtes Auftreten ein und derselben, besonders der typomorphen Metalle, beginnend von den ältesten bis zu den jüngsten Epochen der Erzbildung. Diese Besonderheit wurde beispielsweise von D. I. SCHTSCHERBAKOW (1950) für den Kaukasus, von N. A. BELJAJEWSKI (1955) für den Fernen Osten und von E. D. KARPOWA (1958) für Mittelasien festgestellt. Die Betrachtung des Materials für die Metallogenie der UdSSR zeigt, daß die Gesetzmäßigkeit in der Entstehung von Lagerstätten typomorpher Metalle eine sehr breite und allgemeine Bedeutung hat. Besonders klar ist diese Gesetzmäßigkeit auf den Territorien ausgeprägt, die junge Vererzungen der mesozoischen und alpidischen Epoche führen und die Flächen älterer Epochen überlagern. So zum Beispiel sind für den Kaukasus die Cu-, Mo- und teilweise die polymetallischen Lagerstätten typomorph. Bekannt sind hier die Cu-Lagerstätten der kaledonischen Epoche (Urut), der herzynischen Epoche (Kysyl-Kol), der mesozoischen Epoche (Alaverdi), der alpidischen Epoche (Kadsharan-Agarak). Molybdänlagerstätten gehören auch zu den verschiedensten Epochen: kaledonisch (Blyb), herzynisch (Beljagidon), mesozoisch (Turny-aus), alpidisch (Paragatschai). Im Kaukasus sind herzynische Pb-Zn-Lagerstätten bekannt (Elbrus), ebenso gibt es jüngere mesozoische Bildungen (Sadoner Gruppe). Tertiäre Bildungen finden wir im Transkaukasus.

In der metallogenetischen Provinz des Küstengebietes von Transbaikalien ist das Zinn der Lagerstätten als typomorph anzusprechen. Im Bereich dieser Provinz liegen Zinnlagerstätten vorpaläozoischen Alters, die teilweise auch im unteren Paläozoikum entstanden sein können. In den Dispersionshöfen der Wosnessensker Granite liegen Zinnlagerstätten der herzynischen Epoche. In einer großen Anzahl treten Zinnlagerstätten der mesozoischen Epoche (Osttransbaikalien) auf, und

Lagerstätten der alpidischen metallogenetischen Epoche (Mikojanowskoje, Solnetschnoje, Sichote-Alin-Gruppe) sind ebenfalls sehr zahlreich vertreten.

Im Fernen Nordosten zählen die Gold- und Zinklagerstätten zu den typomorphen. Die Hauptmasse der Goldlagerstätten dieser Provinz steht in Verbindung mit den Kleinintrusionen im oberen Jura. In der weiteren Entwicklung entstanden keine größeren Goldlagerstätten. In kleinerem Umfang sind sie innerhalb einer Lagerstättengruppe, die mit den leukokraten Graniten des Kolymaer Komplexes assoziiert, bekannt. Das Alter dieser Vorkommen ist in den oberen Jura zu stellen. Ebenso treten sie in den Granodioriten des ochotskischen Komplexes der Kreide auf. Mit den jungen alpidischen Graniten des Omsuktschaner Komplexes sind ebenfalls Vorkommen bekannt. Für diese Provinz sind zwei große Epochen mit intensiver Zinnvererzung bekannt. Die eine Epoche liegt im oberen Jura, hier tritt die Zinnsteinvererzung in Greisen auf, während die zweite Epoche im Tertiär liegt und als Silikat-Zinnstein-Formation bekannt ist.

Diese Reihenfolge in der Zusammensetzung der Lagerstätten bestätigt sich auch bei älteren metallogenetischen Provinzen. Als Beispiel sei hier der Ural angeführt, für den Eisenlagerstätten als typomorph zu bezeichnen sind. Die Eisenkonzentration erfüllt buchstäblich alle Prozesse der Erzbildung im Ural. Hier sind sehr große Lagerstätten des Vorpaläozoikums, wahrscheinlich des Proterozoikums, als Ilmenit-Magnetit-Vorkommen bekannt (Kusinskoje usw.). In den frühen Stadien des herzynischen Zyklus ist das Eisen in den Chromiten der Hyperbasite gebunden (Donskoje, Saranowskoje usw.) und in den Titanomagnetiten der Basitintrusionen von Katschkanar. Später, im oberen Silur und unteren Devon, bildeten sich Plagiogranitintrusionen, mit denen in Skarnlagerstätten Magnetiterze entstanden (Gora Wyssokaja, Blagodatj usw.). Später, im abschließenden Stadium des herzynischen Zyklus, assoziiert mit den Granodioriten und Graniten auf der Ostseite des Urals die zweite Gruppe der größten Skarnlagerstätten mit Magnetiterzführung (Magnitnaja, die Gruppe von Kustanai). Der starken Anreicherung endogener Eisenerzbildungen des Urals entsprechen die reichen Sedimentlagerstätten dieses Metalls, die in allen Teilen des stratigraphischen Profiles vom ältesten vorpaläozoischen Komplex bis einschließlich dem Neogen bekannt sind.

Man beobachtet, daß sich bei Wiederholung der geologischen Bedingungen bei der Erzbildung der einen oder anderen Provinz nicht nur die typomorphen Metalle, sondern auch die Typen der Lagerstätten wiederholen. Als Beispiel sei hier die Ähnlichkeit der proterozoischen und herzynischen Titanomagnetitlagerstätten des Urals angeführt. Für den Kaukasus verhält es sich ähnlich mit den Kupferkieslagerstätten der kaledonischen, herzynischen und mesozoischen Epoche und den paläozoischen und meso-kanozoischen polymetallischen Ganglagerstätten. In diesen Fällen kann man nicht nur von einer gleichen Abfolge des Erzes, sondern auch von einer bestimmten Abfolge der Lagerstättenklassen typomorpher Metalle sprechen. Ändern sich die geologischen Bedingungen, so bilden sich verschiedene Klassen der Lagerstätten, was sehr häufig vorkommt. Innerhalb von Molybdänlagerstätten des Kaukasus sind Quarzgänge mit Molybdänit, hydrothermal veränderte Kleinintrusionen saurer Gesteine mit Anreicherungen dieses Minerals, Sprenkelerz von Cu–Mo und molybdänführende Skarne bekannt.

Die Wiederholung der metallischen Zusammensetzung endogener Lagerstätten darf in den meisten Fällen nicht als Umlagerung des Erzes aus älteren in jüngere Lagerstätten betrachtet werden. Dem widersprechen die unterschiedlichen Maßstäbe der älteren, gewöhnlich weniger bedeutenden, und die jüngeren größeren Lagerstätten. Außerdem zeigten die Untersuchungen der Isotopenzusammensetzung des Bleies verschiedener Epochen, daß eine Umlagerung des Erzes ausgeschlossen ist(W. I. SMIRNOW).Nur in einzelnen seltenenFällen kann man von Regenerierung der Lagerstätten sprechen.

Zusammenfassung

Verf. beschreibt das Schema der Gliederung des Territoriums der UdSSR in metallogenetische Provinzen. Die Gliederung erfolgt nach dem Prinzip der flächenmäßigen Verbreitung der alpidischen, mesozoischen, herzynischen, kaledonischen und proterozoischen endogenen Erzlagerstätten. Innerhalb der erzführenden Provinzen der UdSSR wurde ein polyzyklischer Charakter festgestellt, d. h., im Gebiet dieser Provinzen treten Vererzungen mehrerer metallogenetischer Epochen auf. Es wurde ein Zusammenhang zwischen den Vererzungen der früheren und der späteren Epochen festgestellt. Ferner beobachtete man, daß in der Evolution der endogenen Erzbildung vom Archaikum bis zum Tertiär gemeinsame Züge auftreten.

Резюме

Автор описывает схему металлогенического районирования территории СССР. Выделение осуществляется по принципу площадного распространения альпийских, мезозойских, герцинских, каледонских и протерозойских эндогенных рудных месторождений. Среди рудоносных провинций СССР был установлен полицикличный характер, т. е. в пределах этих провинций наблюдаются оруденения нескольких металлогенических эпох. Намечалась связь между оруденением предшествующих и последующих эпох. Дальше наблюдались общие черты в эволюции эндогенного рудообразования от архея до третичного времени.

Summary

The author describes the scheme into which metallogenetic provinces are classified in the U. S. S. R. It is based on the principle of the extent of areas covering Alpine, Mesozoic, Hercynian, Caledonian and Proterozoic endogenic ore deposits. A polycyclical character has been identified within the ore-bearing provinces, i. e. mineralizations of several metallogenetic epochs occurring in the area of these provinces. A connection between mineralizations of earlier and later epochs and common features in the evolution of endogenic ore formation from the Archaean to the Tertiary period have been observed.

Literatur

AFANASJEW, G. D.: Die Geologie der magmatischen Komplexe des Nordkaukasus und die Grundzüge der mit ihnen auftretenden Mineralisation. – Abhandlungen des Instituts für Geologie der Erzlagerstätten, Petrographie, Mineralogie und Geochemie, Nr. 20, 1958.

BELJAJEWSKI, N. A.: Die Strukturverhältnisse im westlichen Sichote-Alin. – Ber. Akad. Wiss. UdSSR, 77, Nr. 6, 1955.

BILIBIN, J. A.: Metallogenetische Provinzen und metallogenetische Epochen. – Gosgeolisdat, 1955.

– Über das Alter einiger Goldlagerstätten des Gebietes von Kolyma. – Sowjetskaja Geologija, Nr. 5–6, Moskau 1940.

GORSHEWSKI, D. I. & W. N. O. KOSERENKO: Über die Gesetzmäßigkeiten der Verbreitung von Gürteln und Zonen seltener und Polymetalle. – Geologischer Sammelband der Geologischen Gesellschaft von Lwow, Nr. 2–3, 1956.

KARPOWA, E. D.: Intrusiva und Erzkomplexe in den tektonischen Zonen des Tienschan. – Materialien zur Zweiten Petrographischen Allunionsberatung, Taschkent 1958.

MATWEJENKO, W. T. & E. T. SCHATALOW: Tektonische Störungen, Magmatismus und Vererzung im Nordosten der UdSSR. – Abhandlungen der Kommission zum Studium der Probleme der gesetzmäßigen Verbreitung mineralischer Rohstoffe in der Erdkruste, Nr. 1, AN SSSR, 1958.

NECHOROSCHEW, W. P.: Gesetzmäßigkeiten in der Verteiluug der Erzlagerstätten des Altais. – Sowjetskaja Geologija, 29, Moskau 1947.

RADKEWITSCH, E. A.: Die metallogenetischen Zonen des Küstengebietes von Transbaikalien und die Besonderheiten ihrer Entwicklung, Fragen der Geologie des südlichen Teiles des Fernen Ostens und Transbaikaliens. – Abhandlungen des Instituts für Geologie und Erzlagerstätten, Petrographie, Mineralogie und Geochemie, Nr. 3, 1956.

SATPAJEW, K. I.: Die wichtigsten Gesetzmäßigkeiten der räumlichen Verbreitung endogener Vererzungszonen in Zentralkasachstan. – Sowjetskaja Geologija, 58, Moskau 1957.
SCHTSCHERBAKOW, D. I.: Magmatische Vererzungsvorgänge im Zentralen Kaukasus. – AN SSR, 1950.
SEMJONOW, A. I.: Die Prinzipien und die Methodik bei der Anfertigung der metallogenetischen Karte von Ost-Kasachstan. – Sowjetskaja Geologija, 58, Moskau 1957.
SMIRNOW, S. S.: Abriß der Metallogenie von Osttransbaikalien. – Gosgeolisdat, 1944.
SMIRNOW, W. I.: Bedingungen zum Auffinden regenerierter Lagerstätten. – Abhandlungen der Kommission zum Studium der Probleme der gesetzmäßigen Verbreitung mineralischer Rohstoffe in der Erdkruste, Nr. 1, AN SSR, 1958.
TWALTSCHRELIDSE, G. A.: Metallogenetische Epochen des Kaukasus. – Sowjetskaja Geologija, 59, Moskau 1957.

Testarbeiten an Erdöl- und Erdgasbohrungen in der UdSSR[1]

N. P. BUDNIKOW, N. I. BUJALOW, W. G. WASSILJEW, B. W. KORNEW

Das Testen von Bohrungen ist die wichtigste Etappe der Erkundungsarbeiten auf Erdöl und Erdgas. Von diesen Ergebnissen hängen sowohl die Bestimmung der Effektivität einzelner Bohrungen und einzelner Lagerstätten als auch gelegentlich die Beurteilung ganzer erdöl- und erdgasführender Gebiete ab.

Mit dem schnellen Wachstum des Umfangs der geologischen Erkundungsarbeiten auf Erdöl und Erdgas in der UdSSR vergrößert sich ständig der Umfang und erschwert sich die Art der Arbeiten beim Testen von Erkundungsbohrungen (Tab. 1).

Im Jahre 1965 ist das Abteufen und Testen von 3900 Bohrungen vorgesehen, während von 1961 bis 1965 mehr als 15000 Bohrungen geplant sind.

Vom gesamten Aufwand für das Erkundungsprogramm erreichen die Kosten für das Testen der Bohrungen (einschließlich der Verrohrung) 12–15%. In einzelnen Erdöl- und Erdgasgebieten (z. B. im Bereich der Stawropoler und Krasnodarsker Sownarchosen, in den Republiken Mittelasiens u. a.) übersteigen sie manchmal 20%.

In den nächsten fünf Jahren komplizieren sich die Testarbeiten. Die Durchschnittsteufen nehmen zu (von 1862 m im Jahr 1959 bis 2350 m im Jahre 1965) und im Verhältnis auch die Schichtdrücke und Temperaturen. In die Erkundung werden neue Gebiete einbezogen mit wenig erforschten geologischen Bedingungen und kompliziert gebauten Lagerstätten.

In den Bohrungen müssen nicht nur erdöl- und erdgasführende Horizonte getestet werden, sondern auch wasserführende, die in vielen Gebieten hochwertige Mineralwässer und Salzlösungen enthalten. Diese können als Rohstoffe für die Gewinnung von Jod, Bor, Brom, Lithium u. a. dienen. Besondere Aufmerksamkeit gebührt den Temperaturverhältnissen im Zusammenhang mit den Problemen der Fernheizung von Städten, von Industrieanlagen und Landwirtschaftsobjekten.

Trotz einer beachtlichen Verbesserung der Methodik und Technik des Testens von Bohrungen während der letzten Jahre waren diese Arbeiten in den meisten Gebieten der UdSSR unbefriedigend. Die Methodik und der Umfang der Arbeiten in einer Reihe von Gebieten entsprechen nicht immer den geologischen Bedingungen, insbesondere auf Feldern mit klüftigen und karbonatischen Speichergesteinen.

In der Arbeitsorganisation beim Testen sind Mängel vorhanden. Die vorgegebene Zeit ist in vielen Gebieten fast gleich der Zeit des Abteufens der Bohrungen. In einigen Fällen übertrifft sie diese noch bedeutend (Tab. 2).

[1]) Aus: „Geologija nefti i gasa", Nr. 7, 1961 (gekürzt). – Übers.: R. TESSIN

Einer der Hauptgründe des unbefriedigenden Zustandes beim Testen von Erkundungsbohrungen ist das falsche System der Projektierung von Bohrerkundungsarbeiten, als deren Hauptexponent die Teufe gilt. Auch treten die Mengen der Testobjekte, die Dauer der Arbeiten und die anderen qualitativen Merkmale in den Projekten nicht in Erscheinung.

Bei solch einer Planung richten die Bohrbetriebe ihre ganze Aufmerksamkeit auf die Erfüllung des Meterplanes. Von den drei Etappen einer Erkundungsbohrung (Aufbau der Bohrung, das Bohren und der Test) wird die letzte am meisten vernachlässigt.

Für eine Verbesserung der Arbeitsorganisation ist es nötig, einheitliche Normen für das Testen von Erkundungsbohrungen bei unterschiedlichen geologischen Verhältnissen und für verschiedene Kategorien der Bohrungen zu schaffen. Dabei ist die Erschließung der Schichten sehr wichtig, besonders in Karbonatlagerstätten und anderen kompakten, gering-permeablen Speichergesteinen.

Sehr wichtig für die Bewertung der Produktivität der zu begutachtenden Objekte ist die Differenzierung der Testarbeiten in produktiven Horizonten während des Bohrens, also unter Verwendung einer Tonspülung von normaler Qualität, eventuell mit Schwerspatzusatz. Durch die Zusammensetzung der verschiedenen Spülflüssigkeiten wird das Abteufen einer Bohrung bis in die festgesetzte Teufe gesichert, aber es gelingt nicht immer, die Produktivität der zu testenden Objekte qualitativ vorher einzuschätzen. Der differenzierten Zusammensetzung von Spülungen mit Zusätzen von oberflächenaktiven Substanzen, durch Zuführung von Luft, mit Anwendung von Flüssigkeiten auf Kohlenwasserstoffbasis usw., die das Aufschließen der Schichten unter Beibehaltung ihrer natürlichen Durchlässigkeiten für einen vollwertigen Test sichern, wird unzureichende Aufmerksamkeit gewidmet.

In einer Reihe von Gebieten hat man beim Ausbau der Bohrlochsohle nicht den Charakter der überdeckten Speichergesteine berücksichtigt. Sandige, aber auch klüftige Speicher mit tonigen und schluffigen Zwischenlagen werden gewöhnlich durch eine zementierte Rohrtour abgedichtet. Eine anschließende Perforation öffnet

Tabelle 1

Jahr	Anzahl der Bohrungen: beendete Bohrungen: abgeschlossene Bohrarbeiten	abgeschlossene Testarbeiten	erdöl- oder erdgasfündig	mit Erfolg %
1956	1225	1153	581	50,3
1957	1435	1387	716	51,7
1958	1627	1517	748	49,3
1960	1956	1831	808	48,0

Tabelle 2

Betriebe	Durchschnittlich pro Bohrung aufgewendete Zeit	
	für das Bohren	für das Testen
Glawgeologija UdSSR	143	102
Trest Lwowneftegas	117	105
Trest Krimneftegasraswedka	86	85
Stawropolskij Sownarchos (Erdölfeld Osek-Suat)	82	154
Saratowskij, Stawropolskij und Krasnodarskij Sownarchosy (auf 320 in den letzten Jahren beendeten Bohrungen)	125	127

die produktiven Schichten. In einem solchen Falle schafft die kumulative Perforation nicht die notwendigen Voraussetzungen für die effektive Produktion der Schichten, weil sich der Speicher aus petrographisch sehr verschiedenen Teilen zusammensetzt. Gewöhnlich erschließt man die Schichten in einer Art, die nicht selten die Verstopfung der Risse und Klüfte und den Verlust des hydrodynamischen Systems produktiver Schichten herbeiführt. Speicher der obigen Art werden im unverrohrten Bohrloch selten getestet, selbst wenn es für sie günstige geologisch-technische Verhältnisse gibt.

Leistungsfähige, fahrbare Aggregate für die Bemusterung und Säuerung, Kompressoren und Spezialapparaturen wirken sich stark auf die Qualität der Arbeiten aus. Ihr Fehlen führt zum Verzögern der Ausführungstermine und zur Vermehrung der Havarien.

Es ist bekannt, daß man in den USA außer der weitverbreiteten Salzsäurebehandlung Mittel gegen Emulsionsbildung, für eine Reduzierung der Oberflächenspannung u. a. benutzt. In der letzten Zeit verwendet man für die Steigerung des Erdölzuflusses im Bohrloch bevorzugt oberflächenaktive Stoffe (PAW).

Ebenfalls große Aufmerksamkeit beim Testen verdient das Hydrofrac-Verfahren. Es wird angenommen, daß von 5 Mrd. t der in den USA erkundeten Vorräte ungefähr 500 Mill. t, d. h. 10%, durch Anwendung von Hydrofrac ermittelt worden sind. Der Prozentsatz der trockenen Erkundungsbohrungen ist in den USA sehr groß (85—88% während der letzten 3—4 Jahre). In den meisten von ihnen wird der Test während des Bohrens im unverrohrten Loch mit dem Schichtenprüfer ausgeführt. Im Endergebnis sind die Kosten einer solchen Bohrung um 15—20% niedriger als die Kosten einer produktiven Bohrung.

In der UdSSR brachte die Anwendung der gegenwärtigen Methoden und Mittel zur Erschließung und beim Test schwach durchlässiger Schichten in einer Reihe von Erkundungsgebieten positive Resultate. Doch verzögern die Unvollkommenheit der Schichtenprüfer, das Fehlen einer methodischen Anleitung für ihre Anwendung und eine Reihe von Faktoren organisatorischen Charakters ihre Anwendung. Zum Beispiel wurden im Gebiet der westsibirischen Senke von 1943—1959 512 Horizonte getestet, doch nur sieben von ihnen mit dem Schichtenprüfer, wobei man in sechs Fällen Zustrom von Gas oder Gas mit Wasser erhalten hat. In Baschkirien wurden auf diese Art seit 1952 8 Tiefbohrungen und 50 Flachbohrungen untersucht, im Trust der Krasnodarsker Erdölerkundung waren es während der letzten 3—4 Jahre 23 Objekte, darunter 4 Objekte mit Flachbohrungen, 1959 aber nur 3 Objekte. Im Trust der Orenburger Erdöl- und Erdgaserkundung testete man mit Hilfe von Schichtenprüfern 29 Objekte in Bohrungen mit fraglicher Produktivität.

In der Tschetscheno-Inguschker ASSR wurden während der letzten Jahre 91 Teste mit dem Schichtenprüfer durchgeführt, davon waren 29 technisch mißlungen. In dem Gebiet Osek-Suat (Stawropolsker Kreis) wurden mit Schichtenprüfern GrosNII hydraulischen Typs 13 Bohrungen getestet.

Im Trust der Wolgograder Erdöl- und Erdgaserkundung fanden Schichtenprüfer GrosNII des Spill-Typs seit Oktober 1959 bei 23 Horizonten in 16 unverrohrten Bohrlöchern in Teufen von 2 bis 3000 m Verwendung. Davon waren 5 Teste mißglückt. Als Ergebnis dieser Arbeiten brauchten in 16 Bohrungen keine Produktionstouren eingebaut zu werden.

Die voranstehenden Ausführungen zeigen, daß die breite Anwendung von Schichtenprüfern in den Erkundungsbohrungen der UdSSR einen großen geologischen und ökonomischen Nutzeffekt haben kann.

Wenn man in Betracht zieht, daß in den Jahren 1961 bis 1965 mehr als 15000 Erkundungsbohrungen niederzubringen sind, von denen sich möglicherweise die Hälfte als „trocken" erweisen können, so spart man doch durch die Anwendung der Schichtenprüfer die Verrohrung, die Zementation und das nachfolgende Testen. Das sind etwa 11 Mill. m oder 450 T. t Rohre und ungefähr 300 T. t Zement.

Sehr wichtig für Teste auf den Zufluß von Erdöl- und Erdgas ist die Auswahl und die Begründung der Testintervalle in den Erkundungsbohrungen. Davon hängt in vielen Fällen der Gesamtausgang der Erkundung, die Richtigkeit einer Bewertung der Perspektiven auf Erdöl- und Erdgashöffigkeit des erbohrten Profils, der Struktur und eines Feldes ab.

Die gebräuchlichen geologischen, geophysikalischen und geochemischen Methoden für eine exakte Ausscheidung erdöl- und erdgasführender Zonen im Bohrprofil sind unvollkommen. Die Probenahme ist oft ungenügend. Das Testen der Schichten während des Bohrprozesses ist noch nicht zufriedenstellend entwickelt. Das sind Gründe dafür, daß in manchen Fällen die Perspektiven der Erdöl- und Erdgasführung einiger Felder und Gebiete nicht richtig bewertet werden.

In der gegenwärtigen Zeit wird beim Testen von Erkundungsbohrungen die größte Aufmerksamkeit dem Erhalten des Erdöl- und Erdgaszustromes gewidmet, während der Bestimmung der Parameter einer Schicht nicht die nötige Bedeutung beigemesssen wird. Indem man den Komplex der Ergebnisse hydrodynamischer Untersuchungen nutzt, ist es praktisch möglich, zugleich mit der Bestimmung der Produktivität der einzelnen Sonden die wichtigsten Parameter der Schicht, die für eine Vorratsberechnung von Erdöl- und Erdgas und für die Projektierung der Ausbeutung der Lagerstätten notwendig sind, aufzudecken. Eine komplexe Anwendung der hydrodynamischen und der geophysikalischen Methoden läßt die Bestimmung der effektiven Mächtigkeiten, der Verteilung des Erdöls und des Erdgases im Profil und der Grenze des Erdöl-Wasser- oder Erdgas-Wasser-Kontaktes zu.

Die Kommission des Ministeriums für Geologie und Lagerstättenschutz der UdSSR, die eigens für die Vervollkommnung der Methodik und der Organisation der Arbeiten beim Testen von Erkundungsbohrungen und für die Steigerung der wissenschaftlichen und industriellen Effektivität geologischer Erkundungsarbeiten auf

Erdöl- und Erdgas geschaffen wurde, schlägt folgende Maßnahmen vor:

1. Überprüfung des üblichen Systems der Projektierungsarbeiten für Erkundungsbohrungen auf Erdöl und Erdgas unter Einbeziehung der Gesichtspunkte einer steigenden Vorratsentwicklung:

a) die Anzahl der Bohrungen, die abgeteuft und getestet wurden, nach Kategorien (Basis-, Vorerkundungs- und Erkundungsbohrungen);

b) die Anzahl der Objekte für Teste auf Erdöl und Erdgas nach Kategorien der Erkundungsbohrungen und nach der Art der Teste;

c) der Umfang der Arbeiten bei Anwendung der wichtigsten geologisch-technischen Maßnahmen (Hydrofrac, Säuerung u. a.) beim Test.

Die Teufe der Erkundungsbohrung muß in diesem Plan als Berechnungskennziffer angesehen werden.

2. Ausarbeiten von Normen nach den Projekten einer Anzahl von Bohrungen und Objekten (Schichten und Horizonten), in der Teste auf Erdöl und Erdgas bereits abgeschlossen sind, in Abhängigkeit von geologischen Verhältnissen und von den Bohrungskategorien eines jeden zu erkundenden Gebietes der UdSSR.

3. Zur Einführung einer verstärkten Kontrolle beim Test ist in Übereinstimmung mit den Plankennziffern die wirtschaftliche Rechnungsführung für das Testen der Bohrungen einzuführen. Der Zeitaufwand beim Testen einzelner Sonden und ganzer Objekte, die Bilanz der Arbeitszeit, die Ausführung der wichtigsten geologisch-technischen Maßnahmen und die Testergebnisse sind in diese Rechnung mit einzubeziehen.

4. Es sind einheitliche Normen auszuarbeiten und einzuführen für die Testarbeiten an Bohrungen, getrennt nach Arbeiten während des Bohrens (durch Schichtenprüfer) und nach Abschluß des Bohrens, in Abhängigkeit von den Teufen der Bohrungen, von den geologischen Verhältnissen, von der Art der Teste und vom Typ der Ausrüstung.

5. Der Ablauf der Finanzierung von Erkundungsbohrarbeiten ist festzusetzen, der die Zahlung der Mittel aus der Bank für die erfüllten Arbeiten vorsieht, mit Einbehaltung von 5—10% bis zur Beendigung des Testes der Bohrungen.

6. Für die Steigerung der materiellen Interessiertheit ist die Prämienordnung für Arbeiter und ITP, die den Test durchführen, unter Berücksichtigung der konkreten Arbeitsbedingungen zu überprüfen. In dieser Ordnung ist für Spezialarbeiten beim Test während des Bohrens mittels Schichtenprüfer ein besonderer Anreiz vorzusehen.

7. Ausgehend von den gewonnenen Erfahrungen, ist für den Ablauf geologischer Erkundungsarbeiten folgende Reihenfolge beim Testen von Erkundungsbohrungen zu empfehlen:

a) Alle Arbeiten für die Bemusterung des ersten Objektes sind gemeinschaftlich von den Testern und den Bohrbrigaden mit der Bohranlage durchzuführen. Diese Arbeiten werden in die Normzeiten der Bohrbrigaden eingeführt.

b) Bei den Basisbohrungen und bei allen Vorerkundungsbohrungen, die abseits von den Verkehrswegen liegen, ist der gesamte Komplex der Test- und Forschungsarbeiten gemeinsam von Testern und Bohrbrigaden durchzuführen.

c) In den Erkundungskontoren und Expeditionen, aber auch in den erweiterten Erdöl- und Erdgasprospektierungen (mit nicht weniger als 3 Bohrbrigaden und mit einer Konzentrierung der Erkundungsarbeiten in bestimmten Gebieten mit material-technischen Basen) sind spezielle Brigaden oder Werkstätten für das Testen der Bohrungen zu organisieren.

8. Als eine der wichtigsten Maßnahmen zur gründlichen Verbesserung der Testarbeiten und zur wesentlichen Erhöhung der geologischen und ökonomischen Effektivität ist die breite Einführung von Schichtenprüfern für den Test während des Bohrprozesses anzusehen. Dies gilt in erster Linie für die Basis-, Parameter- und Vorerkundungsbohrungen, aber auch für neue und bekannte erdöl- und erdgasführende Gebiete.

9. Es ist den geologischen Erkundungsbetrieben zu empfehlen, beim Test der Vorerkundungs- und Erkundungsbohrungen, bei der Auswahl der Erschließungsmethoden und bei der Begutachtung der Objekte die Besonderheit des durch die Bohrung zu erschließenden geologischen Profils zu berücksichtigen.

Für die Ausarbeitung eines rationellen Testkomplexes empfiehlt die Kommission:

a) breites Anwenden von Schichtenprüfern;

b) beim Niederbringen der Bohrung ist die genaue Fixierung der Schichten und die Erhaltung ihrer natürlichen Durchlässigkeit zu sichern durch Anwendung von hochwertigen Spülungen auf Wasser- und Kohlenwasserstoffbasis, behandelt mit oberflächenaktiven Stoffen, aber auch durch die Reinigung des Bohrlochs mit Luft oder Wasser;

c) bei klüftig-porösen und schwach durchlässigen Speichergesteinen ist unter günstigen geologischen Bedingungen eine Bohrlochkonstruktion mit unverrohrtem Speicher unter Ausnutzung der maximal möglichen Mächtigkeit der produktiven Schicht vorzusehen;

d) an Stelle des Schöpfens und des Swabbens in produktiven Schichten ist das Kompressorverfahren anzuwenden;

e) die Methode der Erschließung einer produktiven Zone unter Druck (ohne Schwerspatzusatz) ist in maximal kürzester Zeit einzuführen;

f) beim Testen von Such- und Erkundungsbohrungen sind verschiedene Methoden des Einwirkens auf produktive Schichtfolgen (hydraulisches Aufschließen, Säurebehandlung, PAW u. a.) verbreitet anzuwenden;

g) für die Bestimmung der Schichtparameter ist der gesamte Komplex hydrodynamischer Untersuchungen bei stationären und nichtstationären Regimen der Filtration anzuwenden.

10. Für die Steigerung der Effektivität dieser Testarbeiten ist es notwendig, in möglichst kurzer Frist die Versorgung der Erkundungsbetriebe mit Ausrüstungen und Einrichtungen, die für deren Durchführung benötigt werden, zu verbessern.

Zusammenfassung

Das Testen von Erdöl- und Erdgasbohrungen ist die wichtigste Etappe im Ablauf des Erkundungsprozesses auf diese Rohstoffe. Solche Arbeiten wurden in der Vergangenheit häufig unterschätzt. Eine der Ursachen hierfür lag in einer Überbewertung der Bohrmeterleistung, die oft als einzige Kennziffer in den Plänen zum Ausdruck kam. Die Verf. schlagen konkrete Maßnahmen vor, wie der Prozeß des Testens von Erdöl- und Erdgasbohrungen den ihm innerhalb der Gesamterkundung zukommenden Platz einnehmen kann. Auf solche Weise kann die Qualität der wissenschaftlichen Aussage über eine einzelne Sonde, über ein Erdöl- und Erdgasfeld, aber auch über die Bewertung eines als perspektivisch angesprochenen Gebietes wesentlich verbessert werden.

Резюме

Опробование нефтяных и газовых скважин является важнейшим этапом в ходе разведочного процесса на это сырье. До сих пор эти работы часто недооценивались. Одной из причин была переоценка метража, бывшего часто единственным показателем в планах. Авторы предлагают конкретные мероприятия, направленные на то, чтобы процесс опробования нефтяных и газовых скважин занял надлежащее ему место в рамках всей разведки. Таким образом, может быть, существенно улучшено качество научного высказывания об отдельном зонде, о нефтяной и газовой площади, но и об оценке района, считаемого перспективным.

Summary

The testing of petroleum and natural gas drillings is the most important stage of the process of reconnaissance for these raw materials. In the past such works were often underestimated, one of the reasons for this being the overestimation of drilling-metre capacity, the only index often expressed in plans. Concrete measures are proposed by the authors to assign the due place within the whole of reconnaissance to the process of testing petroleum and natural gas drillings. This means an essential improvement of the quality of scientific statement on both an individual probe and a petroleum and natural gas field, as well as on the evaluation of an area held to be prospective.

Die Erdölabgabe eines Speichers in den Lagerstätten Solny owrag und Jablonow owrag[1)]

M. M. SADRISLAMOW

Die Erdöllagerstätten Solny owrag und Jablonow owrag liegen im Gebiet von Sakmarskaja Luka. Es handelt sich um E—W streichende Brachyantiklinalstrukturen mit steilen Nord- und flachen Südflanken.

Aus dem Erdöllager im Speicher des unterkarbonischen kohleführenden Horizontes begann die Förderung der Lagerstätte Solny owrag im Jahre 1944. Die Sonden sind ringförmig angeordnet in Abständen von etwa 300 m zwischen den Reihen und zwischen den einzelnen Bohrungen in einer Linie. Die Lagerstätte steht unter Wassertrieb.

Der anfängliche Lagerstättendruck betrug 117 at. Bis zum Jahre 1949 fiel er auf 85 at ab. Nachdem Ende 1950 mit einer außerkonturellen Wasserinjektion begonnen wurde, baute sich der Druck erneut auf und erreichte Anfang 1957 in der ursprünglichen Kontur wieder 118 at.

Das Einpressen des Wassers in die Schicht erfolgt durch sieben Bohrungen, von denen fünf an der Südflanke, eine an der Ost- und eine an der Nordflanke liegen. Der ursprüngliche Wasser-Öl-Kontakt lag an der Südflanke bei —1015 m, an der Nordflanke bei —1020 m.

Bis zum Januar 1957 wurden 10008 743 m^3 Wasser in die Schicht eingepreßt. Es wurden 9372241 t Erdöl gefördert. Die Förderung an Wasser betrug 1207243 t, das sind 11,31% der gesamten Flüssigkeitsförderung.

Die Porosität schwankt zwischen 8,3 und 29,3%, sie beträgt im Durchschnitt 24,3%. Die Permeabilität schwankt zwischen 52 und 7400 md parallel zur Schichtung und zwischen 117 und 4665 md senkrecht dazu.

Im Jahre 1956 und in der ersten Hälfte des Jahres 1957 wurden in den produktiven Horizont, im Liegendteil der Dankowo - Lebedjan - Schichten, 24 Bohrungen niedergebracht, welche den oberen Speicher in verschiedenen Abschnitten durchsanken. Dabei führte man bei 17 Fördersonden elektrische Bohrlochmessungen mit dem Ziel durch, die mit Erdöl und mit Wasser gesättigten Teile des Profils auszuscheiden.

Das in diesen Bohrungen gewonnene Material ermöglichte eine eingehende Untersuchung der Eigenschaften des Speichers und eine Bestimmung seiner Erdölabgabefähigkeit.

Aus acht Bohrungen sind Kerne sowohl in den gefluteten als auch in den nichtgefluteten Teilen des Lagers entnommen worden.

Eine allseitige Untersuchung der Kerne führte zu dem Ergebnis, daß die Sandsteine in vielen Bereichen bituminös sind. Diese Gesteine sind im Gegensatz zu den nichtbituminösen schwarz oder dunkelgrau.

Der Bitumengehalt ist unterschiedlich. Auf Grund der in den Gesteinen enthaltenen Bitumenmenge lassen sich drei Typen ausscheiden: bituminöse, teilweise bituminöse und bitumenfreie Sandsteine.

Das Bitumen ist schwarz, fest, in einigen Fällen spröde, in organischen Lösungsmitteln schlecht löslich. Hauptkomponenten des Bitumens sind Asphaltene und Teere. Bituminöse Sandsteine treten auch unterhalb des ursprünglichen Wasser-Öl-Kontaktes auf (Abb. 1).

In den Bohrlochdiagrammen heben sich die Sandsteine, deren Poren vorwiegend mit Bitumen gefüllt sind, durch eine niedrige Amplitude der SP-Anomalien, durch einen hohen spezifischen Widerstand, durch niedrige Werte in den Gammamessungen und gleich niedrige Werte in den Kurven der Neutronen-Gamma-Karottage hervor, d. h., sie verhalten sich wie Sandsteine, die nur Erdöl führen.

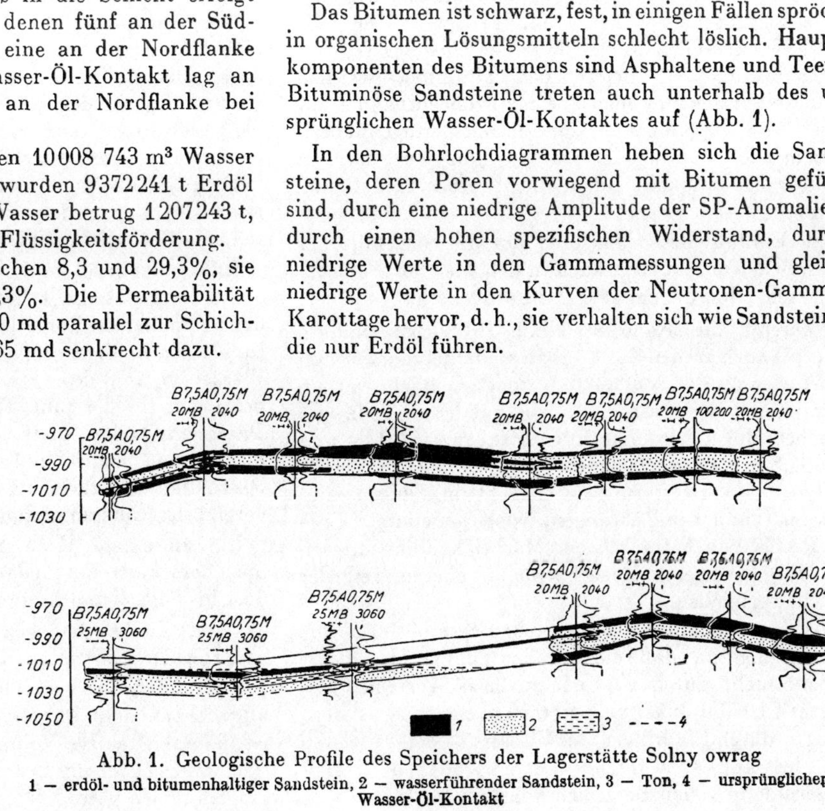

Abb. 1. Geologische Profile des Speichers der Lagerstätte Solny owrag
1 — erdöl- und bitumenhaltiger Sandstein, 2 — wasserführender Sandstein, 3 — Ton, 4 — ursprünglicher Wasser-Öl-Kontakt

[1)] Aus: „Geologija nefti i gasa", Nr. 4, 1960, S. 33—37. — Übers. H.-J. TESCHKE

In Abhängigkeit von der Menge des in den Gesteinen enthaltenen Bitumens ist die geophysikalische Charakteristik der teilweise bituminösen Sandsteine ähnlich der Charakteristik der bituminösen oder bitumenfreien Sandsteine.

Analysiert man das Tatsachenmaterial, so zeigt sich, daß sich bei einer kontinuierlichen Flutung des Förderbereiches von Süden nach Norden der ursprüngliche Wasser-Öl-Kontakt in weiter Erstreckung nur ganz unbeträchtlich verschiebt. Von 29 der seit Beginn der Arbeiten bis 1954 niedergebrachten Bohrungen wurde im wasserunterlagerten Teil des Lagers der Wasser-Öl-Kontakt nur bei einer 1950 niedergebrachten Bohrung in hoher Lage (— 1010 m) angetroffen. In allen übrigen Bohrungen liegt er nicht über — 1012,3 m bei einer Anfangskontur von — 1015 m.

In der östlichen wasserunterlagerten Zone des Lagers wurden 1952—1954 sechs Bohrungen niedergebracht. Obgleich zu dieser Zeit aus der gesamten Lagerstätte eine große Erdölmenge gefördert und in einer westlich davon liegenden Bohrung die Schicht bis zum oberen Teil der perforierten Strecke entwässert wurde, blieb der Wasser-Öl-Kontakt in diesem Feld in der ursprünglichen Teufe. Die im Jahre 1956 in einer Randbohrung durchgeführte Bestimmung des Wasser-Öl-Kontaktes nach der RK-Methode ergab, daß die Grenze konstant geblieben ist.

Die konstante Lage des Wasser-Öl-Kontaktes in diesem östlichen Feldesteil erklärt sich dadurch, daß hier bis 1954 nicht eine Bohrung gefördert hat. Zwei später in die Förderung einbezogene Bohrungen konnten keinen großen Einfluß auf ein Ansteigen des Kontaktes ausüben, weil beide schnell verwässerten und eine bald konserviert wurde.

Außerdem ergibt sich bei vielen Lagerstätten des Gebietes von Kuibyschew aus der Untersuchung der Gesteinseigenschaften der erdölgesättigten Profilteile im Randwasserbereich, daß sie in der Zone des Wasser-Öl-Kontaktes z. T. beträchtlich bituminös werden. Nicht selten gewinnt man bei der Probeentnahme aus dieser Zone, besonders aus solchen mit geringem spezifischem Widerstand (gleichsam Übergangszone) und mit geringer Mächtigkeit, nur Schichtwasser mit Erdölspuren.

Ein Einfluß dieser Faktoren auf die Stabilität des Wasser-Öl-Kontaktes ist auch in den hier zur Betrachtung stehenden Lagerstätten zu beobachten.

Während die Randwasserlinie in vielen Feldern — u. a. auch in den 1950—1951 niedergebrachten drei Bohrungen an der Südflanke — konstant blieb, war ein Vordringen des Wassers in die mittleren Teile des Speichers in höhere Lagen (— 999,2 m, — 1101 m und — 1104,8 m) zu verzeichnen. Auf die gleiche Weise erfolgte eine Verwässerung der Schicht im Gebiet zweier weiterer randnaher Bohrungen, wobei ungeflutete Teile des Profils von beträchtlicher Mächtigkeit im unteren und von geringerer Mächtigkeit im oberen Teil der Schicht verblieben.

Die Untersuchung des Tatsachenmaterials läßt die Behauptung zu, daß die Erdölentnahme aus dieser Schicht nicht durch ein gleichmäßiges Ansteigen des Wasser-Öl-Kontaktes von unten nach oben erfolgt, sondern durch Eindringen des Wassers in den mittleren Teil des Lagers, während die ursprüngliche Randwasserlinie in vielen Bereichen konstant bleibt.

Dieser Charakter der Wasserbewegung läßt sich an folgenden Beispielen zeigen.

In einer Bohrung stellte man im September 1956 durch elektrische Bohrlochmessung eine vollkommene Erdölsättigung des Speichers fest. Am 23. Oktober 1956 wurde in der gleichen Sonde eine Radiokarottage durchgeführt, die eine Verwässerung im mittleren Teil innerhalb einer Zone von 5,5 m erbrachte. Ähnliche Erscheinungen konnten auch anderwärts beobachtet werden.

Dieser intensive Wassereinbruch in den mittleren Teil der Schicht wird auch durch die schnelle Verwässerung der Fördersonden nach dem ersten Auftreten von Wasser bestätigt. In einer Bohrung wurde z. B. die untere Hälfte des Speichers perforiert. Wasser erschien in dieser Bohrung im August 1958. Der Verwässerungsgrad der Bohrung stieg von August bis Oktober von 22,3 bis auf 41,7%, worauf die Förderung eingestellt wurde. Viele Bohrungen, die heute konserviert sind, verwässerten auf die gleiche Weise.

Dadurch, daß die Entnahme des Erdöls aus der Schicht selektiv — hauptsächlich aus dem mittleren Teil — erfolgt, ist die Form des verwässerten Bereiches mit der Form der Schichtlagerung etwa identisch (Abb. 1).

Die Wasserbewegung erfolgt in dem am besten durchlässigen Teil der Schicht schneller als in den übrigen Partien. Das in den weniger permeablen, für die Wasserbewegung ungünstigeren Profilteilen zurückbleibende Erdöl wird später verdrängt oder verbleibt in der Schicht. Das bestätigt sich darin, daß die Zone der gefluteten Bereiche in den nahe der Randwasserlinie gelegenen Bohrungen geringeres Ausmaß hat als die Zone der gefluteten Bereiche in Bohrungen, die nahe der ursprünglichen Innenkontur der Erdölführung liegen und früher verwässert wurden. Folglich haben sich durch sie große Wassermengen bewegt.

Die weit hinter der Wasserfront zurückbleibenden nichtgefluteten Bereiche bestehen entweder aus bituminösen oder aus teilweise bituminösen, ölführenden Sandsteinen. Das in den weniger durchlässigen Zonen verbleibende Erdöl kann später gewonnen werden. Jedoch ist mit einer unvollständigen Erdölabgabe zu rechnen.

Es ist anzunehmen, daß in diesem Fall die Ungleichmäßigkeit der Erdölverdrängung offenbar durch die schnelle Entnahme der Flüssigkeit bedingt ist.

Infolge der erdöl- und bitumenführenden Zonen in den oberen und unteren Teilen der Schicht bei fast allen in der verwässerten Zone des Speichers befindlichen Bohrungen ist es nicht möglich, die gegenwärtige Lage des Wasser-Öl-Kontaktes genau zu bestimmen. Deshalb bezieht sich der auf Grund geologisch-industrieller Daten ermittelte Koeffizient der Erdölabgabe von 0,8 nur auf den gefluteten Teil des Lagers, in dem sich das Restöl hauptsächlich in Form einer dünnen Schicht und vereinzelter Ansammlungen befindet.

Die an einem Kern aus der gefluteten Zone des Speichers bestimmte Ölabgabefähigkeit schwankt von 62,4 bis 84,4% und beträgt im Durchschnitt 78%.

Damit sind die geologisch-industriellen und auf Grund von Kernen ermittelten Koeffizienten einander ähnlich.

Es muß jedoch erwähnt werden, daß der Erdölabgabekoeffizient insgesamt für diese Schicht geringer ist, da das effektive Volumen des Speichers bis zu 30% von unbeweglichem Erdöl oder von Kerogen-Bitumen eingenommen wird.

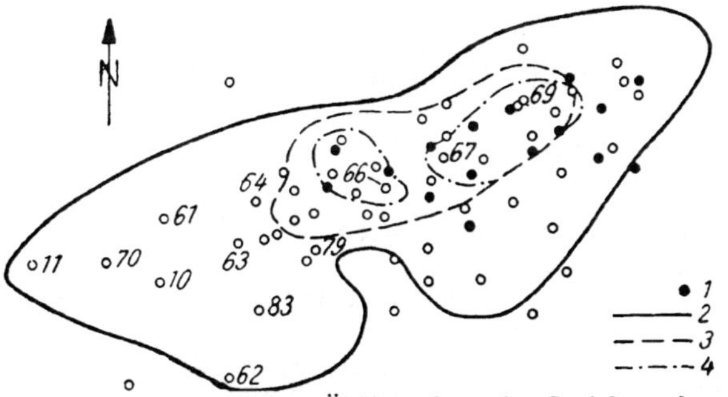

Abb. 2. Karte des Wasser-Öl-Kontaktes des Speichers der Lagerstätte Jablonow owrag

1 — Fördersonden, niedergebracht im Speicher, 2 — ursprüngliche äußere Kontur der Erdölführung, 3 — ursprüngliche innere Kontur der Erdölführung, 4 — heutige Kontur der Erdölführung

Der gleiche Speicher in der Lagerstätte Jablonow owrag wurde im Jahre 1937 entdeckt und im Dreipunktsystem mit Bohrungen im 200-m-Abstand abgebohrt (Abb. 2). Das Feld förderte aus 17 Sonden. Der anfängliche Lagerstättendruck betrug 109,25 at. Am 1. Januar 1957 war er bis auf 80 at abgesunken. Der Schicht wurden 1380650 t Erdöl und 7213700 t Wasser entnommen, d. h., das Wasser betrug 80% der gesamten gewonnenen Flüssigkeitsmenge.

Die ursprüngliche Randwasserlinie wurde bei — 932 m angetroffen.

Der gegenwärtige Wasser-Öl-Kontakt liegt horizontal bei — 919 m, wie in drei 1956 niedergebrachten Bohrungen mittels der RK-Methode im August 1956 festgestellt werden konnte. Fast alle heute fördernden Sonden liegen innerhalb der Kontur der Erdölführung, die sich bei — 919 m befindet.

Die horizontale Lage des heutigen Wasser-Öl-Kontaktes und ihre sehr geringe Verschiebungsgeschwindigkeit ist das Ergebnis der langsamen Förderung in den letzten Jahren. Der auf Grund geologisch-industrieller Daten für die entölte Zone ermittelte Koeffizient der Erdölabgabe beträgt 0,57.

Die Gründe für die niedrige Erdölabgabe sind darin zu suchen, daß es einzelne nichtgeflutete Bereiche gibt. In der westlichen wasserunterlagerten Zone des Speichers wurde in vier Bohrungen nur ein geringes Ansteigen der Randwasserlinie (1—4 m) festgestellt, ein Befund, der durch das Fehlen von Fördersonden zu erklären ist.

Somit befindet sich hier noch eine bestimmte Menge industrieller Erdölvorräte.

Nichtgeflutete Bereiche wurden auch im Gebiet von zwei im Süden liegenden Bohrungen festgestellt. 50% der effektiven Mächtigkeit sind mit Erdöl gesättigt; von den weiteren 50% enthalten die oberen zwei Meter der Schicht ebenfalls Erdöl.

Schlußfolgerungen

1. Die Sandsteine des besprochenen Speichers enthalten in der Lagerstätte Solny owrag in einzelnen Bereichen ein festes, in organischen Lösungsmitteln schwer lösliches Bitumen.

2. Der ursprüngliche Wasser-Öl-Kontakt war in einzelnen Bereichen über längere Zeit hinweg bis zum gegenwärtigen Zeitpunkt wenig beweglich oder unbeweglich. Das ist bedingt durch eine begrenzte Erdölentnahme aus der wasserunterlagerten Zone des Speichers und teilweise offenbar durch den Bitumengehalt.

3. Das Eindringen von Wasser in das Lager und die folgende Verdrängung des Erdöls erfolgten und erfolgen noch heute durch Bewegung des Wassers in den am stärksten durchlässigen Teilen der Schicht. Das in den weniger durchlässigen Bereichen verbleibende bewegliche Erdöl wird häufig viel später verdrängt.

4. Die ungleichmäßige Verdrängung des Erdöls ist das Ergebnis der Inhomogenität der Schicht, des Bitumengehaltes der Sandsteine und offenbar einer schnellen Entnahme der Flüssigkeit.

5. Die weit hinter der Wasserfront verbleibenden nichtgefluteten Bereiche enthalten Bitumen, Kerogen-Bitumen und Erdöl oder unbewegliches Erdöl.

6. Der Hauptgrund für die schnelle Verwässerung der Sonden ist das Vordringen des Wassers in das Lager an den am stärksten durchlässigen Zwischenschichten.

G. E.-A. EISENSTADT, I. G. GRINBERG, B. F. DJAKOW, N. W. NEWOLIN, N. K. TROFIMUK, N. N. TSCHEREPANOW & J. S. EWENTOW

Die Erdöl- und Erdgashöffigkeit Westkasachstans und die Hauptrichtungen regionaler Such- und Erkundungsarbeiten [1)]

Referiert von KURT KAUTER, Berlin

Die potentiellen Möglichkeiten, die Erdölbasis in Kasachstan wesentlich zu erweitern, liegen im Westen des Landes. Hier erstreckt sich in der „Kaspischen Senke", die den tief abgesunkenen, südöstlichen Teil der Russischen Tafel darstellt, eine der größten Salzdomzonen der Welt. Die Sedimentmächtigkeit wird auf maximal 15000 m geschätzt. Die ausgedehnten Synklinalen Süd-Mangyschlak, Süd-Ustjurt und Nord-Ustjurt rechnen zur südlichen, epiherzynen Tafel. Die Erdöl- und Erdgashöffigkeit in diesem Gebiet erstreckt sich:

a) auf den postsalinaren Gesteinskomplex,
b) auf die Gesteine des Subsalinars.

Die Aussichten auf eine erfolgreiche Prospektion werden unterbaut durch die bereits erschlossenen Gebiete der Tafel mit produktivem Devon, Karbon und Perm. Am Nordrand der Senke bei Krasnojarsk und Uralsk wurden in den subsalinaren Formationen der Tafel Erdöl- und Erdgasanzeichen nachgewiesen. Im gesamten nördlichen und zentralen Teil sind günstige Faziesverhältnisse für die Ablagerungen des Karbons und des Unterperms zu erwarten. Im Randgebiet der Kaspischen Senke lagern höffige Devon- und Karbonschichten in erreichbaren Teufen.

In Analogie zu den Strukturen im Ural—Wolga-Gebiet kann in den nördlichen und westlichen Randgebieten der Senke mit dem Vorkommen flacher Antiklinalen

[1)] Aus: „Geologija nefti i gasa", Heft 2, 1960, S. 10—15

gerechnet werden. In der östlichen und nordöstlichen Randzone und dem Uralgebiet von Aktjubinsk sind die oberkarbonischen Schichten in Flyschfazies vertreten. Nach neuen Untersuchungen bilden die dortigen präkungurischen, altpaläozoischen Schichten asymmetrische Falten, die in linearer Anordnung von Ost nach West eintauchen. Auch hier sind trotz schlechter Speichereigenschaften der Gesteine erfolgversprechende Anzeichen für Erdöl und Erdgas festgestellt worden. An anderer Stelle, bei Sapadny Primugodsharj zeigten die Schichten gleichen Alters eine der Tafelbildung ähnliche Ausbildung mit petrophysikalisch günstigen Speichereigenschaften. Eine tiefe Erkundungsbohrung in Kokpekty bestätigte dies. Die subsalinaren Schichten erwiesen sich hier weit weniger gestört als im Ural-Gebiet von Aktjubinsk. Bohrungen auf der Süd-Emba-Antiklinale brachten in devonischen und karbonischen Schichten Ölspuren, ohne daß bereits günstige Teilstrukturen nachgewiesen werden konnten.

Bei den subsalinaren, paläozoischen Schichten im Zentralteil der Senke kann man Speichergesteine vom Tafeltyp erwarten, hat aber noch keine exakten Angaben für das Vorhandensein von Strukturen und wird diese auch nur in Teufen über 5000 m, die für die Bohrtechnik ungünstig sind, antreffen können.

Das Gebiet von Mangyschlak und Ustjurt ist geologisch in drei Zonen zu gliedern:

a) Zentralzone mit den zentralen Teilen der Halbinsel Mangyschlak und Ustjurt,

b) nördliche Zone mit der Halbinsel Busatschi und der Nord-Ustjurt-Synklinale,

c) südliche Zone mit dem Süden der Halbinsel Mangyschlak und der Süd-Ustjurt-Synklinale.

Die Zentralzone ist eine 600 km lange und bis 60 km breite Antiklinale mit vier diskordant übereinanderliegenden Strukturkomplexen. Die Gesamtstruktur ist durch mannigfache Brüche in Teilstrukturen untergliedert. Die Scheitelregion bildet allerdings für eine Erdöl-/Erdgasführung infolge starker Störungen, mangelnder Speicher und geringmächtiger Schichten nur wenig Aussichten. Lediglich der tieferliegende Westteil wird als höffig eingeschätzt.

Der südliche Teil der Mangyschlak-Ustjurt-Zone mit mesozoisch(ohne Trias)-känozoischen Ablagerungen in einer Mächtigkeit von mehr als 4500 m gilt als das höffigste Gebiet Westkasachstans.

Für die Erkundung auf Erdöl und Erdgas in Westkasachstan ergeben sich folgende Aufgabenbereiche:

1. postsalinarische Gesteinskomplexe im Zusammenhang mit den Salzdomen der Kaspischen Senke,

2. subsalinare Gesteinsfolgen im Bereich der Kaspischen Salzdomsenke,

3. mesozoische Schichten der Nord-Ustjurt-Synklinale und der Halbinsel Busatschi,

4. Mesozoikum von Süd-Mangyschlak und Süd-Ustjurt (Süd-Mangyschlak-Ustjurt-Synklinale).

Die Erkundungsarbeiten nehmen ihren Ausgang von den Salzdomen mit großen, z. T. bereits nachgewiesenen Vorkommen. Im Gegensatz zu ähnlichen Verhältnissen in Mexiko, wo unter großem Kostenaufwand die dortigen Salzstrukturen gleichzeitig massenweise in die Erkundung einbezogen wurden, geht man hier in „selektiver" Art an die Arbeit. Die Grundlage bilden exakte wissenschaftliche Berechnungen und Untersuchungen. Folgende Gebiete werden unter diesem Gesichtspunkt als besonders interessant bezeichnet:

a) die mesozoische Synklinale von Karaton und die mesozoischen Strukturen des Westendes der Süd-Emba-Antiklinale,

b) das Gebiet nördlich Dossor-Makat im Zusammenhang mit tiefen Strukturen an Salzstöcken,

c) der nordöstliche Teil der Kaspischen Senke von Makat in Richtung Schuburkuduk und weiter nach Osten, Salzdome mit permotriassischer und jurassischer Ummantelung,

d) zwischen den Flüssen Wolga und Ural im Gebiet einer großen neogenen Synklinale, vor allem bezüglich der pliozänen und postpliozänen Schichten der sog. Baku-Stufe.

Im gesamten Salzdomgebiet verläuft die Erkundung prinzipiell von den Scheiteln der Salzstöcke über die Flanken zu den peripheren Strukturen und weiter den Zwischenstrukturen.

Die übrigen Gebiete Westkasachstans, Süd-Mangyschlak und Süd-Ustjurt, stellen die Fortsetzung der synklinalen Zone vom Westufer des Kaspischen Meeres (Stawropol und Sateretsch-Ebene) dar. Als besonders aussichtsreich werden innerhalb dieser nördlichen Zone die tiefen Teile der Nord-Ustjurt-Synklinale und die Flanken einiger Antiklinalen angesprochen.

Im Subsalinar werden die Bereiche der nördlichen und westlichen Randzone der Kaspischen Senke als besonders höffig bezeichnet.

Die regionale Erkundung beginnt mit Kartierungen im Maßstab 1:200000; ihnen folgen seismische Regionalvermessungen im Zusammenhang mit Parameterbohrungen, Basisbohrungen und tellurischen Messungen.

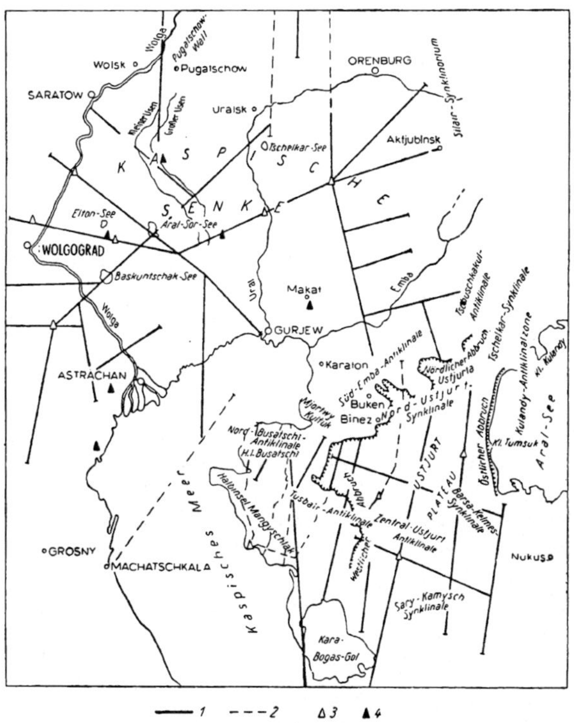

Planschema regionaler Arbeiten in Westkasachstan

1 — projektierte seismische Profile, 2 — ausgeführte seismische Profile, 3 — projektierte Basisbohrungen, 4 — niedergebrachte Basisbohrungen

Für die regionalseismischen Untersuchungen stehen folgende Aufgaben:

1. Erkundung großer subsalinarer Antiklinalen,
2. Klärung der Natur regionaler Schwereanomalien,
3. Festlegung von Strukturelementen in den Randzonen.

Die bisher durchgeführten tellurischen Messungen erbrachten so gute Ergebnisse, daß tektonische Elemente erster und zweiter Ordnung klar ausgeschieden und Schwereanomalien präzisiert werden konnten.

Hand in Hand mit diesen Arbeiten gehen fazielle und lithologische Untersuchungen, an die wiederum eine Reihe von Tastbohrungen geknüpft sind. Auch in diesem Falle sind die Aufgaben von vornherein und in jedem Falle genau fixiert, dem jeweiligen Gebiet angepaßt und auf die einzelnen Lokalitäten zugeschnitten.

Im einzelnen hat die Untersuchung folgende Aufgaben zu lösen:

1. Untersuchung der Lagerungsverhältnisse, der Fazies und der Erdöl-/Erdgasführung der paläozoischen, mesozoischen und känozoischen Ablagerungen innerhalb der verschiedenen tektonischen Elemente der Kaspischen Senke.

2. Klärung der Frage der Existenz großer subsalinarer Antiklinalen im zentralen Teil der Kaspischen Senke, die auf Grund der Schweremessungen vermutet werden. Untersuchung anderer Besonderheiten im Aufbau des subsalinaren Untergrundes.

3. Erforschung der Vergitterung tektonischer Elemente der Kaspischen Senke mit der Tektonik der sie umgebenden Randgebiete.

4. Untersuchung der lithologisch-faziellen Besonderheiten und der physikalischen Gesteinseigenschaften der Ablagerungen des Tafelkomplexes, ihrer Teufenlage und des Alters des gefalteten Grundgebirges sowie der Grundzüge des Aufbaus tektonischer Großelemente.

Die Basisbohrung Gorzów Wielkopolski IG I[1)]

MARIA JASKOWIAK & WLADYSLAW KARASZEWSKI

Die am nördlichen Rand der „subsudetischen Monoklinale" niedergebrachte Basisbohrung Gorzów Wlkp. (Landsberg a. d. Warthe) wurde im Rahmen der Grundlagenforschung der Abteilung Flachlandgeologie auf den wenig erforschten Gebieten Westpolens durch Prof. Dr. W. POŻARYSKI projektiert.

Die geologische Grundlage für das Bohrprojekt wurde von Z. WÓJCIK unter der Leitung von W. KARASZEWSKI angefertigt. Die Bohrungen wurden von M. JASKOWIAK und W. KARASZEWSKI betreut.

Vor Beginn der Tiefbohrung wurde daneben eine Kontrollbohrung bis 500 m mit kontinuierlichem Kernen durchgeführt. Deshalb konnte die Basisbohrung diese Schichten mit dem Bohrmeißel bis zum Liegenden des Pleistozäns schnell durchfahren. In der Folge wurde je ein Bohrmarsch in Abschnitten von je 20 m bis 90 m Tiefe gekernt. Von dieser Teufe an wurde dann die volle Kernung bis zum Abschluß, d. h. bis 3100,5 m = Endteufe, durchgeführt. Die Bohrung Gorzów Wlkp. ist die tiefste Basisbohrung in Polen. Die Bohrung wurde in der Zeit vom 11. 10. 1957 bis zum 22. 3. 1959 vom Betrieb Geologische Bohrungen der Erdölindustrie in Piła (Schneidemühl) mit einer USTM-Bohranlage durchgeführt.

Während des Abteufens bis 3000 m wurden im Bohrloch geophysikalische Untersuchungen durchgeführt: elektrische Seitensondierungen, Messungen mit dem Kaverno- und Mikrokavernometer, Temperaturmessungen, Gamma- und Neutronenprofilierungen.

Im folgenden wird das lithologisch-stratigraphische Profil der durchteuften Bildungen nach vorläufiger Auffassung dargestellt:

0,00—147,2 m Quartär; es erreicht hier im Zusammenhang mit seiner Lage in einer tiefen, sich von N nach S erstreckenden Rinne die bedeutende Mächtigkeit von 147,2 m. Bis 56,3 m Teufe wurden Sande und Kiese, darunter Bändertone und von 84,2 m bis zum Liegenden des Quartärs Geschiebelehm, der hier unmittelbar auf dem Oligozän liegt, durchteuft.

147,2—180,75 m Mittleres Oligozän; es ist hauptsächlich aus feinschichtigen Tonen mit ziemlich reicher und gut erhaltener Fauna zusammengesetzt. Im Liegenden kommt eine 1,5 m mächtige Schicht glaukonitischer Sande vor.

180,75—724,15 m Kreide; sie ist vom Campan bis Cenoman oder oberem Alb vertreten. Im oberen Teil ist sie vorwiegend als Mergel, häufig in Form der Schreibkreide, entwickelt. Darunter kommen Mergelkalkeinlagen vor, besonders zahlreich in dem hier gut entwickelten Turon. Das Cenoman ist geringmächtig und hauptsächlich als Mergel ausgebildet. Im Liegenden der Kreidebildungen tritt eine mehrere Meter mächtige Schicht von Sandsteinen mit Schluffsteinen und Phosphoriten auf. S. CIEŚLIŃSKI ist geneigt, sie in das Alb einzuordnen.

724,15—756,3 m Dogger; unter der Kreide ist im stratigraphischen Profil eine mächtige Lücke vorhanden; sie umfaßt beinahe die ganze Untere Kreide, den Malm sowie die oberen Teile des Doggers. Die Lücke tritt übrigens in weiten Gebieten der subsudetischen Monoklinale und den anliegenden deutschen Bezirken auf. Im Zusammenhang mit ihr ist der Dogger in der Bohrung sehr schwach entwickelt und umfaßt nur die untersten Horizonte des Bathonien (etwa 5 m) und das obere Vesulien (ca. 27 m). Im Liegenden des Doggers tritt eine redeponierte Fauna des durch Erosion zerstörten Bajocien auf. (J. ZNOSKO: „Die Entwicklung der Transgression des Aalénien und Bojocien im polnischen Flachland" — im Druck.)

756,3—1104,5 m Lias. Seine Ausbildung erreicht hier zwar nicht die volle Entwicklung wie auf dem Antiklinorium, aber trotzdem enthält sie alle drei Stufen des Lias: die untere, mittlere und obere. Im Lias ε treten marine Foraminiferen (J. KOPIK) auf, und im Lias γ wurde die Muschel *Goniomya angulifera* gefunden. Dagegen ist der untere Lias durch die unter anderem in 1104,5 m Teufe auftretenden Megasporen *Lycostrobus scotti* dokumentiert.

1104,5—1235,5 m Rät. Die genaue Grenze zwischen dem unteren Lias und dem ähnlich ausgebildeten oberen Rät kann erst nach Beendigung der gegenwärtig durchgeführten Untersuchungen auf Megasporen und Mikrosporen festgelegt werden. Das obere Rät ist, ähnlich wie in den anliegenden Gebieten Deutschlands, hauptsächlich in Form grauer Sandsteine und Schluffsteine mit Pflanzenresten und Kohleneinlagen, ausgebildet. Untergeordnet treten hier Beimengungen dunkelgrauer Tonsteine mit Sphaerolithen auf, die an der Luft durch Oxydation eine schokoladenbraune Färbung annehmen. Das untere Rät wurde zum ersten Mal in einer polnischen Bohrung durch die Mikrofauna dokumentiert. Im Gegensatz zum oberen Rät herrschen im unteren Rät und vielleicht auch im (bisher noch nicht dokumentierten) mittleren Rät bunte Tone vor, wobei die rotbraune Färbung überwiegt; untergeordnet sind Schluffeinlagen und seltener solche von hellgrauen Sandsteinen enthalten.

1235,5—1713,7 m Keuper. Der obere Teil des oberen Keupers ist sowohl lithologisch als auch mikrofaunistisch dem unteren Rät ähnlich. Bemerkenswert ist hier das Vorhandensein von hellen bis einschließlich weißen (karbonatischen) Pseudo-Oolithen. Die pelitischen Zwischenschichten

1) Aus: „Przeglad Geologiczny", Nr. 6, 1959

innerhalb der Bildungen des oberen Teils des oberen Keupers (dolomitischer Mergel nach A. ARNOLD) enthalten eine gewisse Menge Dolomit. Der ganze, etwa 120 m mächtige Komplex entspricht nach SEITZ & WICHER dem Stockwerk des ,,Konglomeratmergels". Die tieferen Schichten zeichnen sich durch das Auftreten von Anhydriteinlagen (vorwiegend graue Färbung) im oberen Teil und durch rötlichbraune Färbung im unteren Teil aus. Dies entspricht dem in Deutschland gut bekannten Gipskeuper. Im Liegenden des oberen Keupers treten fein- und mittelkörnige, durch kohlige Substanz feingebänderte Sandsteine auf.

Die anfangs auf Grund lithologischer Überlegungen angenommene Grenze zwischen dem oberen und unteren Keuper wurde durch Untersuchungen der Mikrofauna bestätigt.

Im unteren Keuper überwiegen Tonsteine und Schluffsteine, die stellenweise dolomitisch sind, besonders im oberen Teil mit untergeordneten Sandsteinzwischenschichten und -bändern. Im oberen Teil des unteren Keupers treten Anhydriteinlagen auf.

Bezüglich der Gesteinsfärbung trifft man außer der vorherrschenden grauen Farbe auch rote und grüne Farbtöne ziemlich häufig an.

1713,7—1938,1 m Muschelkalk; er ist hier verhältnismäßig gut ausgebildet. Im oberen und unteren Stockwerk herrschen Kalksteine mit dunkelgrauen Tonsteineinschaltungen vor. Der mittlere Muschelkalk ist durch Überwiegen von Dolomiten mit dolomitischen Schiefer- und Mergeleinschaltungen sowie ziemlich zahlreichen Anhydritzwischenschichten charakterisiert.

1938,1—2015,2 m Oberer Buntsandstein (Röt); er ist im oberen Teil ähnlich wie der überlagernde Teil des Muschelkalkes ausgebildet. Er wird hauptsächlich aus Kalksteinen mit Dolomitmergelzwischenlagen gebildet. Tiefer kommen hauptsächlich Dolomite und dolomitische Kalksteine mit ab und zu rotbraunen Tonsteinlagen vor. Im mittleren Teil treten anfangs spärliche Einschaltungen von Anhydrit auf, die aber schon im unteren Teil des Röt im Gestein überwiegen.

2015,2—2228,5 m Mittlerer Buntsandstein; er ist durch Wechsellagerung von Sandsteinen, Tonsteinen und Schluffsteinen gekennzeichnet. Auch treten hier geringmächtige Einlagen von oolithischen Kalksteinen ziemlich zahlreich auf.

2228,5—2588,5 m Unterer Buntsandstein; ihn bilden Tonsteine mit untergeordneten Schluffsteineinlagen und sehr zahlreichen, geringmächtigen Zwischenschichten von oolithischen, gewöhnlich dolomitischen Kalksteinen. Beide Unterstockwerke des Buntsandsteins, das mittlere und das untere Stockwerk, enthalten vorwiegend rot- und etwas seltener grüngefärbte Sedimente.

2588,5—3100,5 m Zechstein. Der Übergang von der Trias zum Zechstein ist nur schwach zu erkennen. Diese Grenze wurde konventionell bei der ersten Sandsteineinlage in der über den Anhydriten lagernden Tonserie festgesetzt. Im Bereich des Zechsteins ist es infolge der guten Ausbildung solcher Leithorizonte wie Roter Salzton im unteren Teil des Aller-Zyklus, Hauptanhydrit und Grauer Salzton im unteren Teil des Leine-Zyklus sowie Hauptdolomit im unteren Teil der Staßfurt-Serie gelungen, die einzelnen Zyklen auszuscheiden.

In der Bohrung ist der Hauptdolomit in ,,Stinkdolomit"-Fazies entwickelt. Seine Mächtigkeit beträgt nicht ganz 18 m. Zum Vergleich ist erwähnenswert, daß in der etwa 100 km westlich entfernten Bohrung Rüdersdorf 10 (DDR) im Zusammenhang mit der größeren Teufe des Sedimentationsbeckens die Mächtigkeit desselben Horizonts nur ein Drittel beträgt und die Fazies eine andere (Stinkschiefer) ist.

Um die Ausbildung des Hauptdolomits zu erkennen, wurde die Bohrung um 100,5 m bis 3100,5 m Endteufe zusätzlich abgeteuft. Vom ältesten Zyklus, dem Werra-Zyklus, wurden nur 24,9 m des sogen. ,,Oberen Anhydrits" angebohrt und die Bohrung in diesem eingestellt.

Die wissenschaftliche Auswertung der Bohrung ist im Gange. Die petrographische Auswertung der einzelnen Abschnitte wird von der Abteilung Petrographie und Geochemie des Geologischen Instituts durchgeführt.

Wasserdurchlässigkeitsprüfungen und Probeinjektionen für den Talsperrenbau [1)]

QUIDO ZÁRUBA, Prag

Zu den wichtigsten Untersuchungsverfahren in der Ingenieurgeologie gehören Wasserdruckproben, die zur Ermittlung der Wasserdurchlässigkeit der Gesteine dienen und bei sorgfältiger Durchführung auch wertvolle Angaben über die Ausbildung und die Füllmasse der Klüfte und Spalten ermöglichen. Sie bilden einen wichtigen Teil der Injektionsarbeiten bei der Herstellung des Dichtungsschleiers.

In den letzten Jahren wurde den Wasserdruckproben und Probeinjektionen bei großen Talsperrenbauten in der ČSSR besondere Aufmerksamkeit gewidmet. So konnten durch enge Zusammenarbeit zwischen den Ingenieurgeologen des Instituts für Baugeologie und den Ingenieuren und Bohrarbeitern auf der Baustelle wichtige neue Erkenntnisse gewonnen werden, z. B. zur Verbesserung der Technologie der Injektionsarbeiten und zur Vervollkommnung der technischen Einrichtungen (Einführung des Umkehrpackers). Auch in Fragen der günstigsten Anordnung des Injektionsschleiers in verschiedenen zerklüfteten Gesteinen des felsigen Untergrundes wurden gute Resultate erzielt. Über diese Ergebnisse wurde sowohl in der tschechoslowakischen als auch teilweise in der deutschen Fachliteratur berichtet (J. VERFEL, V. ROTH & L. JAROLÍMEK 1956; J. VERFEL 1957; Q. ZÁRUBA & V. MENCL 1957; R. KÖHLER & F. REUTER 1958). Verf. berichtet nun über einige bei dem heutigen Stand der Injektionstechnik wichtige Erfahrungen.

Bei den Wasserdurchlässigkeitsprüfungen und den Probeinjektionen sind folgende Aufgaben zu lösen:

1. Beurteilung der Durchlässigkeit der Gesteine
2. Ermittlung der zulässigen Injektionsdrücke für die einzelnen Arbeitsstufen in verschiedenen Tiefen unter der Erdoberfläche
3. Ermittlung der Unterlagen für den Entwurf des Injektionsschleiers, insbesondere der Tiefe und seiner Anordnung
4. Wahl des geeigneten Injektionsgutes und voraussichtlicher Verbrauch

Beurteilung der Wasserdurchlässigkeit der Gesteine

Die Bohrungen und die Wasserdruckproben sind entsprechend den geologischen Verhältnissen an der Sperrstelle so anzuordnen, daß die Wasserdurchlässigkeit der Gesteine über das ganze Profil ermittelt werden kann, d. h. sowohl unterhalb der Talsohle als auch an beiden Hängen.

Die zulässige Wasserdurchlässigkeit der Gesteine wird nach verschiedenen Kriterien beurteilt, am meisten verbreitet ist das von M. LUGEON (1933). Bei Talsperren mit einer Höhe von mehr als 30 m sollen die Wasserverluste

[1)] Vorbereitet als Referat für die 8. Tagung der Geologischen Gesellschaft in der DDR, April 1961 in Leipzig. — Eingang des Manuskripts in der Redaktion: 28. 8. 1961

während der Wasserdruckprobe 1 l/min/m Bohrung bei einem Druck von 10 at nicht überschreiten; der Druck soll mindestens 10 Minuten wirksam sein. Für Talsperren mit einer Höhe von weniger als 30 m sind Wasserverluste bis zu 3 Liter in der Minute je 1 m Bohrlochlänge bei einem Druck von 10 at zulässig. Strengere Anforderungen stellt H. JÄHDE (1953), der als zulässiges Grenzmaß der Durchlässigkeit einen Wasserverlust von 0,1 l/min/m Bohrung bei einem Druck von 3 at angibt.

Diese Kriterien können nur als allgemeine Richtlinien bei der Beurteilung der Wasserdurchlässigkeit dienen, weil sie nicht alle Faktoren umfassen, die einen Einfluß auf die Dimensionierung und auf die Anordnung des Injektionsschleiers ausüben. Beim Entwurf des Injektionsschleiers sind die geologischen und tektonischen Verhältnisse der Sperrstelle, der Typ des Staudamms und die zulässige Größe des Auftriebs, mit dem bei der statischen Lösung gerechnet wird, in Betracht zu ziehen.

In der ČSSR wird vorwiegend das Kriterium nach LUGEON benutzt, das in den Richtlinien des Tschechoslowakischen Ausschusses für Aufbau angegeben ist. Dieses Kriterium hat sich gut bewährt. Nur in einigen Fällen wurde eine strengere Anforderung an die Durchlässigkeit gestellt, z. B. beim Vorhandensein von aggressivem Grundwasser im Bereich einer Talsperre an der Waag (J. PLCH 1960).

Der Verlauf der Wasserdruckproben muß genau und sorgfältig aufgezeichnet werden, vor allem der Injektionsdruck und der Wasserverbrauch, die einzigen Größen, die ständig beobachtet werden können. Bei diesen Messungen ist es zweckmäßig, den menschlichen Einfluß bei der Ablesung der Instrumente möglichst auszuschalten, indem selbstschreibende Manometer verwendet werden. Auf den Baustellen des Ruhrtalsperrenvereins wurden nach H. W. KÖNIG (1952) mit Erfolg Druckmengenschreiber benutzt, die außer dem Injektionsdruck gleichzeitig die aufgenommene Menge an Injektionsgut aufzeichneten.

Die Untersuchungsergebnisse werden auf verschiedene Art in die Bohrloch- oder Übersichtsprofile der Sperrstelle eingezeichnet. Die graphische Darstellung der Wasserdurchlässigkeit der Gesteine in geologischen Profilen bildet eine gute Grundlage für die Anordnung des Injektionsschleiers (sowohl für die Breite als auch für die Tiefe).

Die systematische Ermittlung der Wasserdurchlässigkeit der Gesteine des felsigen Untergrundes und das sorgfältige Studium der geologischen Verhältnisse des interessierenden Gebiets geben wichtige Unterlagen für weitere wasserwirtschaftliche Untersuchungen. Die Ergebnisse von bereits bearbeiteten Sperrstellen können nicht ohne eingehende geologische Analyse auf andere Sperrstellen übertragen werden, weil auch nur wenig voneinander entfernte Gebiete eine wesentlich andere Wasserdurchlässigkeit aufweisen können. So zeigten beispielsweise zwei am Flusse Hornád im Granit gelegene Sperrstellen recht unterschiedliche Verhältnisse. Die größere Wasserdurchlässigkeit des einen Profils war jedoch leicht zu erklären; denn der Granit war in der Nähe der Überschiebungsfläche einer ausgedehnten Decke sehr stark tektonisch gestört (O. FUSÁN, Q. ZÁRUBA & K. HROMADA 1954).

Ermittlung der Größe der zulässigen Injektionsdrücke

Bei der Durchführung der Wasserdruckproben und Probeinjektionen ist die Größe des Drucks für die einzelnen Prüfabschnitte zu bestimmen. Der Injektionsdruck muß sorgfältig gewählt werden, damit es nicht zur Sprengung und Auflockerung des Gesteinsverbandes oder zur Hebung der Fundamente kommt. Andererseits sollte der Druck möglichst hoch sein, da so die Arbeit beschleunigt und eine möglichst große Reichweite der Injektionen erzielt wird. Gewöhnlich wird angegeben, daß der Injektionsdruck gleich dem hydrostatischen Druck der Stauhöhe des projektierten Staubeckens sein soll. Als angemessen bezeichnen einige Autoren (C. F. GRUNDY 1955) den Druck

$$p = 0{,}45\ H$$

wobei p den Druck in kg/cm² und H die Tiefe des jeweiligen Prüfabschnitts unterhalb der Geländeoberfläche in Metern bedeuten. Dieser Druck entspricht annähernd dem doppelten Gewicht der Deckschicht des untersuchten Abschnitts. Ein dem doppelten Gewicht der Deckschichten entsprechender Injektionsdruck wird aber in einigen Fällen viel zu groß und in anderen zu klein sein.

Die Höhe des zulässigen Drucks hängt nicht nur von der Tiefe der injizierten Stufe unterhalb der Erdoberfläche, sondern auch von der Art des Gesteins, insbesondere aber auch von den Lagerungsverhältnissen und der tektonischen Beanspruchung sowie vom Grundwasser ab.

Gute Richtlinien gibt die sowjetische Norm TU 24—112—48 aus dem Jahre 1949, nach der die verwendeten Injektionsdrücke nicht geringer als das Gewicht der Deckschichten sein sollen. Die Drücke, die dem Gewicht des Hangenden entsprechen, sind in Wirklichkeit infolge der beim Fließen des Injektionsgutes in den Röhren und Klüften auftretenden Reibungsverluste niedriger. Die sowjetische Norm befürwortet deshalb die Anwendung der durch Injektionsproben ermittelten Drücke. Werden diese Versuche nicht durchgeführt, so sind die in der Tab. angegebenen Werte anzuwenden.

Beim Bau der italienischen Talsperren in kristallinen Schiefern (Gneis, Glimmergneis) wendete man noch höhere Injektionsdrücke an. Pro Meter Teufe erhöhte man die Injektionsdrücke um 1 at, was annähernd dem vierfachen Gewicht des Hangenden entspricht. Verf. hält diese Drücke, insbesondere in kleineren Tiefen unter der Felsoberkante, für ziemlich hoch.

Gewöhnlich wird der zulässige Druck durch die Gleichung

$$p = k \cdot \gamma \cdot H$$

ausgedrückt, wobei γ H den vom Gewicht der Schichten bzw. des Betons oberhalb des Packers verursachten Druck darstellt und k einen Koeffizienten, der den Widerstand des Gesteins gegen Hebung angibt. Die Größe des Koeffizienten k hängt von der Tiefe und den Eigenschaften der Gesteine sowie von den Lagerungs-

Tab. Zulässige Injektionsdrücke

Art des Baugrundes	Maximal zulässiger Druck	Reihenfolge der Bohrungen			Konsistenz des Injektionsgutes	
		I	II	III	dünnflüssig	dicht
Sedimentgesteine mit Horizontalschichtung oder Horizontalklüften	0,25 at auf 1 m Tiefe der Bohrung	1	1,25	1,5	1	1,5
Massive kristalline Gesteine, schwach zerklüftet	0,5 at auf 1 m Tiefe der Bohrung	1	1,5	2	1	1,5

verhältnissen ab. Er kann bei der Wasserdurchlässigkeitsprüfung ermittelt werden, und zwar auf Grund der plötzlichen Zunahme des Wasserverbrauches, oder (und) durch Messen der Hebung der Erdoberfläche in der Umgebung der injizierten Bohrung.

Bei der Wasserdruckprobe wird der Druck so lange allmählich erhöht, bis es zu einer Sprengung und Auflockerung des Gesteinsverbandes kommt, was man an einer plötzlichen Zunahme des Wasserverbrauches erkennt. Die Wassermenge, die in die untersuchte Teufenstufe gepreßt wird, muß ununterbrochen verfolgt und während der Untersuchung graphisch dargestellt werden. Aus dem höchsten Druck vor der Sprengung des Gesteinsverbandes kann der Widerstand der Gesteine gegen Hebung abgeleitet werden, wobei es aber notwendig ist, den Sicherheitskoeffizienten mit anzusetzen. Zur Ermittlung von informativen Ergebnissen sind für jedes Gestein einige dieser Untersuchungen erforderlich.

Die beschriebene Methode ist aber nicht bei Gesteinen mit einem niedrigen Verformungsmodul, bei denen es zu plastischen Deformationen kommt, anwendbar.

Die Auflockerung der Gesteine kann man auf Grund der Deformation der Erdoberfläche in der Umgebung der untersuchten Bohrung während der Wasserdurchlässigkeitsprüfung feststellen. Die Messung der Deformation erfolgt von Tiefenfestpunkten aus, die in tiefen, höchstens 3—5 m entfernten Nachbarbohrungen angebracht sind. Auf die Sohle solcher Bohrungen wird eine Röhre gestellt, die ca. 30 cm über den Bohrkopf herausragt. Mit einer Meßuhr wird der Höhenunterschied zwischen der Oberkante der Röhre und dem Bohrkopf, der in die Felsoberfläche einbetoniert ist, gemessen. Kommt es bei einer Wasserdruckprobe zur Auflockerung der Schichten, so hebt sich in der Umgebung der untersuchten Bohrung die Erdoberfläche, was an der Meßuhr

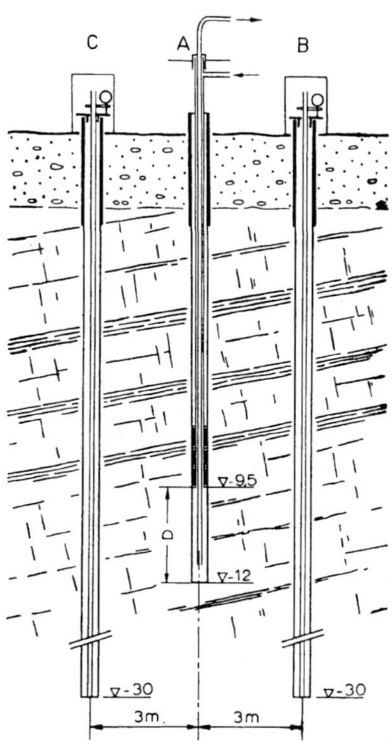

Abb. 1. Die Messung der Hebung der Felsoberfläche in der Umgebung der injizierten Bohrung A von Festpunkten, die in Nachbarbohrungen C, B errichtet wurden
D — untersuchte Teufenstufe

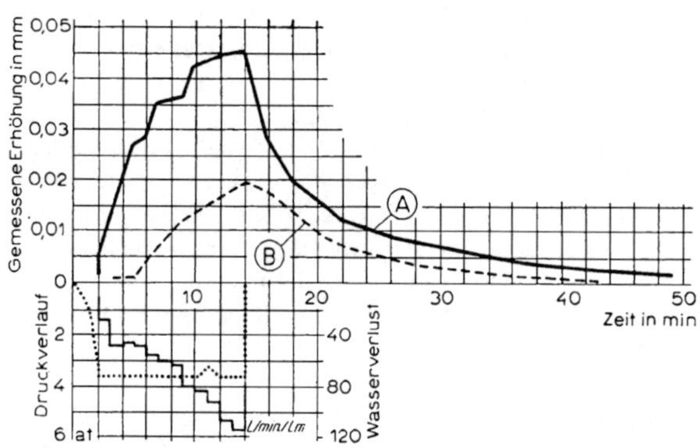

Abb. 2. Hebung der Felsoberfläche bei einer Wasserdurchlässigkeitsprüfung in flach geneigten Kreidesandsteinen (nach J. VERFEL)
Die Linien A und B veranschaulichen den an den Festpunkten gemessenen Deformationsverlauf

abgelesen werden kann. In ähnlicher Weise empfahlen bereits J. B. HAYS (1939) und auch die Sowjetische Norm (1949), die Hebungen der Erdoberfläche bei Injektionen zu messen.

Abb. 1 zeigt ein Beispiel solcher Messungen am Talhang einer Sperrstelle in Kreidesandsteinen mit Tonschiefereinlagen. Die Sandsteinbänke sind flach geneigt und mit steil stehenden Klüften durchsetzt. Die Festpunkte wurden in 30 m tiefen Nachbarbohrungen errichtet, die von der injizierten Bohrung 3 m entfernt waren.

Auf Abb. 2 ist ein Beispiel einer gemessenen Deformation der Erdoberfläche dargestellt. Bei der Wasserdurchlässigkeitsprüfung in einer Tiefe von 9,4—12,0 m wurde bei einem Druck von 3,5 at im Bereich der benachbarten Festpunkte eine Hebung der Erdoberfläche um 0,046 mm und 0,019 mm festgestellt. Nach der Druckverminderung verringerte sich die Hebung schnell, und nach 50 min ging die Oberfläche wieder in ihre ursprüngliche Lage zurück.

Das Untersuchungsergebnis bei Glimmergneis mit einer Schichtenneigung von ca. 30° ist aus Abb. 3 ersichtlich. Bei einem Druck von 3 at in einem Arbeitsbereich von 9,0 bis 10,5 m unterhalb der Geländeoberkante kam es zu einer Hebung von 0,06 mm, die bei Nachlassen des Drucks nach 30 min fast vollkommen zurückgegangen war.

Systematische Messungen bei diesen Untersuchungen ergaben, daß — besonders in festen und steil einfallenden Gesteinen — der Widerstand der Gesteine gegen Auflockerung mit der Tiefe zunimmt. Diese Tatsache haben W. P. CREAGER, J. D. JUSTIN & J. HINDS (1944) bei der Zusammenstellung eines Diagramms für die approximative Ermittlung der Injektionsdrücke in verschiedenen Tiefen ausgenutzt.

Die in der ČSSR durchgeführten Untersuchungen brachten ähnliche Ergebnisse, wie das in Abb. 4 dargestellte Diagramm zur informativen Ermittlung der Injektionsdrücke zeigt.

Aus der Geraden A_1 sind die Drücke ($p = \gamma H$), die dem Gewicht des Hangenden bei $\gamma = 2{,}4$ entsprechen, ersichtlich. Die Kurven B und C sind quadratische Parabeln und sind verschiedenen Gesteinen zugeordnet. Den festen massigen Gesteinen oder Gesteinen mit steil einfallenden Klüften entspricht die Kurve B, deren Gleichung

$$p = 0{,}31\ H + 0{,}02\ H^2$$

ist. Daraus ergeben sich folgende zulässige Injektionsdrücke (bei $\gamma = 2{,}4$):

In der Tiefe von		
10 m	— 5,1 at, das ist ca.	$2{,}0\ \gamma H$
20 m	— 14,2 at	$3\ \gamma H$
30 m	— 27,3 at	$3{,}8\ \gamma H$
40 m	— 44,4 at	$4{,}6\ \gamma H$
50 m	— 65,5 at	$5{,}4\ \gamma H$

Für Schichtgesteine mit waagerechter oder flach geneigter Schichtung gilt die Kurve C.

Ihre Gleichung lautet

$$p = 0{,}25\ H + 0{,}005\ H^2$$

Hieraus ergeben sich folgende zulässige Drücke:

In der Tiefe von 10 m — 3 at, das ist ca. 1,2 γ H
20 m — 7 at 1,4 γ H
30 m — 12 at 1,6 γ H
40 m — 18 at 1,8 γ H
50 m — 25 at 2,1 γ H

Zum Vergleich geben in Abb. 4 die Geraden A_2, A_3 und A_4 noch die Drücke an, die dem 2-, 3- und 4fachen Gewicht des Hangenden entsprechen (bei $\gamma = 2{,}4$). Ein Vergleich dieser Geraden mit den Kurven B und C zeigt, daß die Angabe der zulässigen Drücke nur nach den einfachen Geraden nicht richtig ist.

Genaue Messungen der Deformationen in der Umgebung der geprüften Bohrungen zeigten, daß, wenn unterhalb des Grundwasserspiegels zerklüftete Gesteine vorkommen, auch die obenaufgeführten Drücke schon zur Hebung und Auflockerung der Gesteine führen; z. B. bei Probeinjektionen in horizontalgeschichteten neogenen Tonschiefern (Cypris-Schiefern) auf der Sperr-

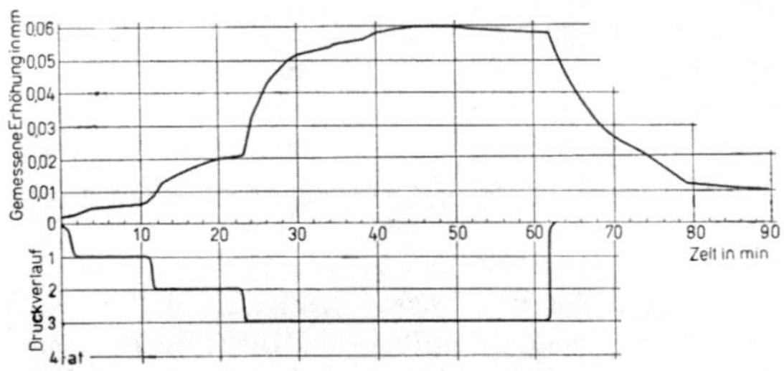

Abb. 3. Deformation der Felsoberfläche bei einer Wasserdurchlässigkeitsprüfung in Glimmergneis (nach L. JAROLIMEK)

Die Hebung wurde an einem 2,5 m entfernten Festpunkt bei einem Überdruck von 3 at gemessen. Die Tiefe des untersuchten Bereichs betrug 9 bis 10 m.

stelle am Jesenice bei Eger und in flach geneigten paläogenen Tonschiefern bei der Talsperre bei L. Mara. In solchen Fällen darf nicht mit dem vollen Raumgewicht des Gesteins, sondern mit einem in dem jeweiligen Wasserauftrieb verminderten Raumgewicht gerechnet werden.

Werden diese Erfahrungen nicht beachtet, kann es leicht zu einer Hebung der Schichten und der Fundamente in größerem Maße kommen. Zur Hebung neigen besonders dünnschichtige Gesteine mit waagerechten oder flach geneigten Schichten oder Klüften.

Bei den Injektionsarbeiten an einer in Mergelschiefern der Unteren Kreide gelegenen Sperrstelle in den Karpaten wurden z. B. dem dreifachen Gewicht des Hangenden entsprechende Drücke angewendet, was zu einer beträchtlichen Hebung der im Bau befindlichen Betonblöcke der Gewichtsmauer führte (Abb. 5). Im Verlauf von zehn Monaten, als die Injektionsarbeiten unterhalb der ersten Blöcke durchgeführt wurden, hob sich die Wasserseite des Blockes Nr. 14 um 14 cm und die Wasserseite des Blockes Nr. 12 sogar um 16 cm (Q. ZÁRUBA & J. RYBÁŘ 1957).

Die Möglichkeit einer Hebung des Hangenden entlang flach einfallenden Klüften ist umso größer, je ausgedehntere Flächen unter Druck gehalten werden. In solchen Fallen haben sich Injektionsgemische, die lange Zeit hindurch flüssig bleiben und langsam abbinden, nicht bewährt; denn solange das Injektionsgemisch nicht erhärtet ist, wird das Gestein auf großen Flächen unter Druck gehalten und das Hangende ständig gehoben. Günstiger ist deshalb ein schnell abbindendes Zementgemisch. Es hat sich auch gezeigt, daß ein großer Unterschied darin besteht, ob eine Injektionsanlage unterhalb eines Betonblockes der Staumauer arbeitet und

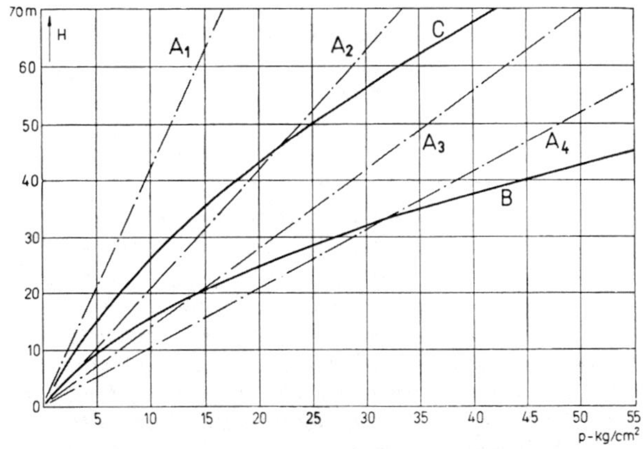

Abb. 4. Diagramm zur vorläufigen Bestimmung der Injektionsdrücke

Kurve B für feste massive Gesteine und für Gesteine mit steil geneigten Klüften; Kurve C für geschichtete, flach geneigte Gesteine; die Geraden A 1 – A4 stellen die Drücke dar, die dem 1- bis 4fachen Gewicht des Hangenden entsprechen.

entfernt liegende Bohrlöcher einzeln injiziert werden oder ob mit mehreren Injektionsanlagen in nahe gelegenen Bohrlöchern gearbeitet wird. Im ersten Fall kann der Injektionsdruck gegenüber dem Gewicht der Deckschicht mäßig erhöht werden, weil dem Injektionsdruck das Gewicht des Hangenden in Form eines Kegels entgegenwirkt, der sich nach oben hin ausbreitet. Werden jedoch mehrere in der Nähe gelegene Bohrlöcher gleichzeitig injiziert, dann sollte maximal mit einem dem Gewicht des Hangenden entsprechenden Druck gearbeitet werden. Bei horizontal verlaufenden oder flach geneigten Schichten wird der Druck auf große Flächen übertragen.

Ermittlung der Tiefe und der Anordnung des Injektionsschleiers

Die Wasserdurchlässigkeit der Gesteine verursacht nicht nur einen Wasserverlust aus dem Staubecken, sondern sie hat auch einen ungünstigen Einfluß auf die Standfestigkeit der Talsperre, da sich dabei der Wasserauftrieb unterhalb der Staumauer erhöht, wodurch die vertikale Komponente verringert und ein Abgleiten begünstigt wird.

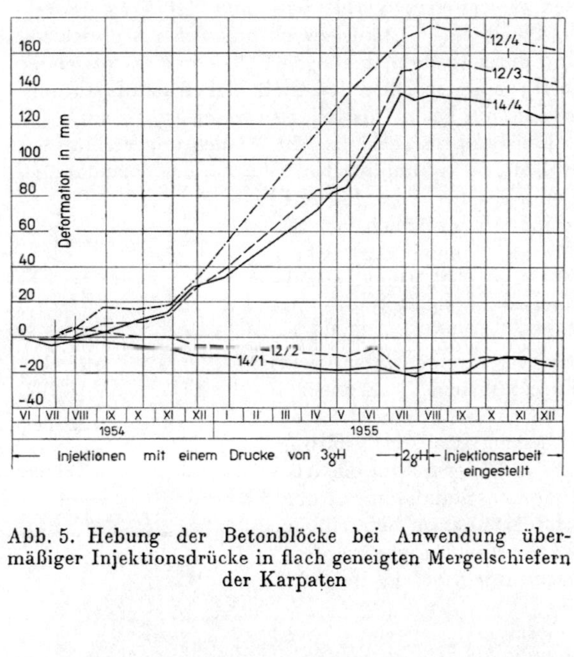

Abb. 5. Hebung der Betonblöcke bei Anwendung übermäßiger Injektionsdrücke in flach geneigten Mergelschiefern der Karpaten

In den meisten Fällen und vor allem bei höheren Staudämmen ist man bestrebt, den Wasserauftrieb zu verringern, indem man unterhalb der Gründungssohle in der Nähe des wasserseitigen Dammfußes das Einsickern des Wassers durch einen undurchlässigen Injektionsschleier verhindert. Der Wasserauftrieb unterhalb der Staumauer wird dadurch, wie bei eingehenden Messungen an bereits fertiggestellten Talsperren festgestellt wurde, wesentlich verringert; denn wenn auch das Wasser die Gesteine durchströmt, so wird doch der Weg verlängert. Früher war es üblich, an der Wasserseite des Staudammes einen tiefreichenden Fundamentsporn zu schaffen. Beim Ausbruch des Grabens wurde jedoch das umliegende Gestein stark gestört. Heute gibt man Injektionsschleiern den Vorzug, die mit Hilfe von Kernbohrungen ohne Störung der Gesteine in größere Tiefen geführt werden können.

Zur Errichtung eines wasserundurchlässigen Injektionsschleiers der Staumauer werden gewöhnlich in einer oder in mehreren Reihen angeordnete Bohrungen niedergebracht. Diese Bohrungen können auch von einem in der Nähe der Gründungssohle in Richtung der Dammachse angelegten Injektionsstollen durchgeführt werden.

Die Feststellung der Schleiertiefe erfolgt nach verschiedenen empirischen Formeln. Soweit Verf. bekannt ist, wurden an deutschen Talsperren Schleiertiefen von $^2/_3$ der Stauhöhe gewählt. Das amerikanische Bureau of Reclamation verwendet zur Vorausbestimmung der Tiefe des Injektionsschleiers die empirische Formel

$$d = {}^1/_3\,H + C$$

wobei d die Bohrtiefe, H die Höhe der Staumauer und C eine Konstante in den Grenzen von 8 bis 25 m bedeuten.

Da die Schleiertiefe von den geologischen Verhältnissen abhängt, nämlich von der Wasserdurchlässigkeit der Gesteine und von dem Verlauf der Klüfte, sind hier empirische Formeln nicht am Platze.

Tritt unterhalb der Gründungssohle eine wasserundurchlässige Schicht auf, wird der Injektionsschleier nach Möglichkeit bis auf diese Schicht hinabgeführt. Der Abstand der Injektionsbohrungen und die Wahl einer geeigneten Injektionstechnik werden nach den Prüfversuchen an Ort und Stelle bestimmt.

Bei den im folgenden angeführten Beispielen wurden die Injektionsschleier auf Grund eingehender Kenntnis der geologischen Verhältnisse und der Wasserdurchlässigkeit der Gesteine zweckentsprechend projektiert und durchgeführt. In einigen Fällen war es notwendig, infolge einer beobachteten Umläufigkeit den Injektionsschleier auf beide Talseiten zu verlängern.

Ein Beispiel hierfür ist die Abdichtung zerklüfteter Kalksteine in unmittelbarer Nähe des Staudammes Foum el Gherza am Flusse El Abiod, 15 km östlich von Biskra am Rande der Sahara (R. ARIS 1955). Die 65 m hohe Bogenstaumauer sperrt das tief in zerklüfteten Kalkstein der Oberkreide (Maastricht) eingeschnittene Erosionstal (Abb. 6). Kalkstein ist im allgemeinen ein ausreichend tragfähiger Baugrund für die Gründung eines Staudammes, jedoch erforderte dessen beträchtliche Wasserdurchlässigkeit umfangreiche Injektionsarbeiten.

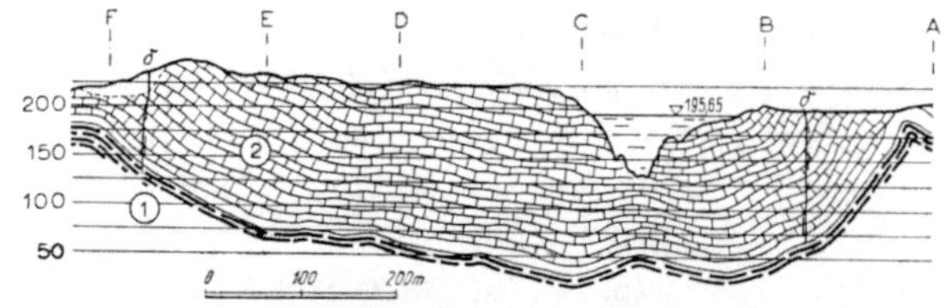

Abb. 6. Beispiel eines Injektionsschleiers, dessen Breite und Tiefe von den geologischen Bedingungen bestimmt wurde — Talsperre Foum el Gherza (TRAVEAUX 1958)

1 – Mergelschiefer (Campan), 2 – durchlässige Kalksteine (Maastricht)

Die etwa 200 m mächtigen Kalksteinschichten lagern auf wasserundurchlässigen Mergelschiefern des Campan. Die Kreideschichten bildeten eine Synklinale mit annähernd parallel zum Tal verlaufender Achse. Die undurchlässigen Mergelschiefer erreichen an beiden Flügeln der Synklinale fast den Stauwasserspiegel. Die Untersuchungen ergaben, daß die gesamten Kalksteine zerklüftet sind, so daß deren Abdichtung an beiden Talhängen bis zu den Mergelschieferausbissen erforderlich war.

Der Injektionsschleier wurde als zusammenhängende Bohrlochreihe unterhalb des Staudammes sowie am linken und rechten Talhang bis zu den Mergelschieferausbissen ausgeführt (Abb. 7). In der Talenge wurden die Injektionsbohrungen fächerartig in Gruppen angeordnet, um wegen der ungünstigen Geländeverhältnisse die Anzahl der Arbeitsbühnen zu verringern. An beiden Talhängen sind die Bohrungen gleichlaufend (30° von der Vertikalen geneigt), damit sie die Klüfte unter einem günstigeren Winkel schneiden. An jedem Punkt, an dem sich die Richtung des Injektionsschleiers ändert, wurden die Bohrlöcher fächerartig angeordnet.

Die Injektionsarbeiten stellten ein ernstes wirtschaftliches Problem dar, wie aus ihrem Umfang hervorgeht. Gesamtbohrmeter 18,6 km, Fläche des Injektionsschleiers 88800 m². Die Ergebnisse der ursprünglichen Injektionsarbeiten waren unzureichend; denn bei der teilweisen Füllung des Staubeckens wurde ein Wasserverlust von 370 l/sec festgestellt. Durch weitere Injektionsarbeiten (Etappe II und III) gelang es, die Wasserverluste unter die zulässige Grenze herabzusetzen.

Ein gutes Beispiel bildet die Abdichtung (Abb. 8) eines alten, durch eine umfangreiche Rutschung verschütteten Tales während des Baus des Staudammes am Flusse Senaiga in den Italienischen Alpen (G. CIAMPI 1958). An einer Talenge, das Tal ist in feste, knollige Kalksteine der Unteren Kreide eingeschnitten, wurde eine Bogenstaumauer von 70 m Höhe errichtet. Die Talhänge der Staubecken werden mit Ausnahme eines kurzen Abschnittes am linken Talhang neben der Sperr-

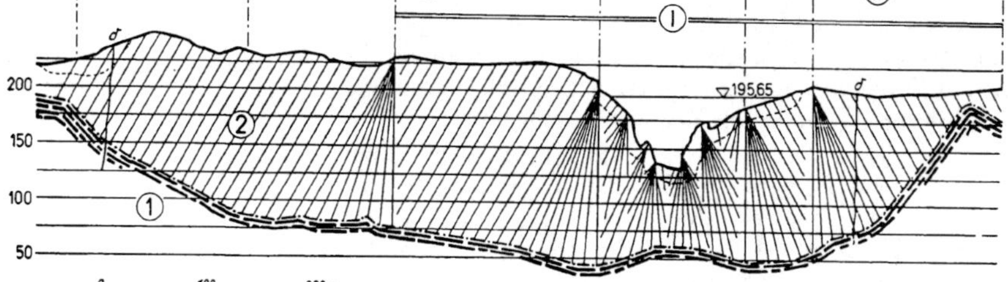

Abb. 7. Anordnung des Dichtungsschleiers für die Sperrstelle Foum el Gherza

I, II, III – Etappen der Injektionsarbeiten

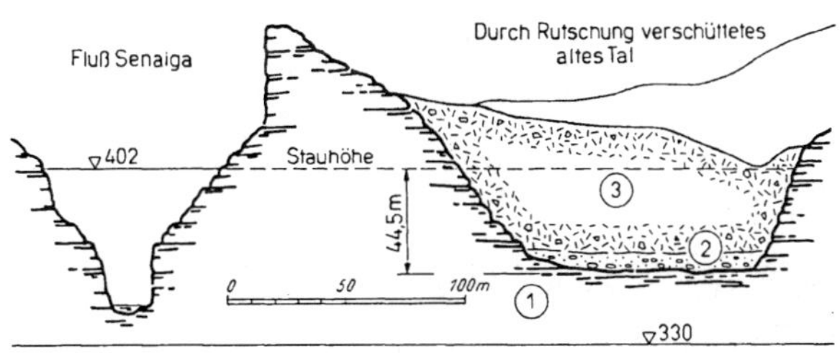

Abb. 8. Sperrstelle am Flusse Senaiga mit einem alten Tal, das durch Rutschung verschüttet wurde (G. CIAMPI 1958)
1 — feste Kalksteine der Unteren Kreide, 2 — sandige fluvioglaziale Ablagerungen, 3 — gerutschte Kalksteine

stelle aus wasserundurchlässigen Gesteinen gebildet. Morphologisch tritt ein kleiner Sattel hervor, in dem gleichfalls Kreidekalksteine, jedoch stark gestört, an die Oberfläche kommen. Durch Bohrungen und Stollen wurde festgestellt, daß es sich nicht um anstehendes Gestein, sondern um gerutschtes Material handelt, das das alte Tal verschüttete und den Fluß Senaiga zum rechten Ufer hin abdrängte. Die Kalksteine wurden nur wenig verlagert, so daß sie einen gewissen stratigraphischen Zusammenhang beibehielten, und nur stellenweise entspricht das gerutschte Gestein einem Hangschutt.

Das alte Tal ist von 5—6 m mächtigen, sandigen, sehr wasserdurchlässigen, fluvioglazialen Ablagerungen mit Felsblöcken ausgefüllt, die von den gerutschten Kalksteinschichten überlagert werden. Das abgerutschte Gestein ist, vor allem in den unteren Partien, ziemlich dicht, weil das mit dem Regenwasser eingeschwemmte tonige Material die Klüfte ausfüllte.

Die Wasserdurchlässigkeitsprüfungen ergaben, daß außer den fluvioglazialen Ablagerungen auch die zerklüfteten Kalksteine des felsigen Untergrundes stark wasserdurchlässigsind. Demgegenüber waren dieWasserverluste im gerutschten Gestein so gering, daß dieses praktisch als wasserundurchlässig anzusehen war. Eine Abdichtung des alten Tales in der gesamten Stauhöhe war daher nicht erforderlich, sondern es genügte die Anlage eines abdichtenden Betonkernes bis zur Höhe der fluvioglazialen Ablagerungen. Die Anlage des Dichtungsschleiers erfolgte von drei übereinander angeordneten Stollen aus in zwei Etappen (Abb. 9). In der ersten Etappe wurde der Injektionsschleier in den Kalksteinen bis in eine Tiefe von 3 m unterhalb des unteren Stollens angelegt. Eine versuchsweise Füllung des Staubeckens zeigte, daß die Schleiertiefe nicht ausreichte. Zu den größten Wasserverlusten kam es in den Kalksteinen unterhalb der alten Talsohle. In der zweiten Etappe wurde der Injektionsschleier bis 25 m unterhalb des unteren Stollens geführt. Weiterhin wurden die abgerutschten Kalksteine vom oberen Stollen aus durch unter einem Winkel von 45° geneigte Aufwärtsbohrungen bis 10 m über die Decke des oberen Stollens injiziert.

Bei der zweiten Füllung des Staubeckens betrugen die Wasserverluste gegenüber der ersten Füllung nur noch $^1/_5$, was als zulässig angesehen wurde.

Zusammenhang des Injektionsschleiers

Bei tieferen Injektionsschleiern (über 50 m) sind die Abweichungen der durchgeführten Bohrung von der vorgeschriebenen Neigung und Richtung zu beachten; denn durch unvorhergesehene Abweichungen kann, besonders in tieferen Zonen, der Zusammenhang des Injektionsschleiers gestört werden.

Bei tiefen Injektionsbohrungen kleinerer Durchmesser bereitet in einigen Schichten das Einhalten der vorgeschriebenen Richtung und Neigung Schwierigkeiten. Die Größe der Abweichung hängt von zahlreichen Faktoren ab, die teils vom Charakter der Gesteine, teils vom technischen Vorgang bedingt sind.

Ursache für die Abweichungen können Wechsellagerungen von harten und weichen Schichten sein, besonders, wenn die Schichten steil geneigt sind. Häufig werden Abweichungen durch technische Mängel verursacht, z. B. durch ungenaues Ansetzen der Bohrgarnitur, wenn mit zu kurzem Kernrohr gearbeitet wird, oder wenn ein zu starker Druck auf die Bohrkrone ausgeübt wird. Nach den in der ČSSR gesammelten Erfahrungen treten die größten Abweichungen bei verschieden harten Gesteinen und bei steilen Schichtneigungen auf. Auch bei sorgfältigem Arbeiten kam es zu Abweichungen bis zu 9°, was für eine Tiefe von 100 m eine Abweichung von 16 m bedeutet. Diese großen Abweichungen können zu einer Unterbrechung des Zusammenhanges des Injektionsschleiers führen und somit nachträgliche Bohrungen erforderlich machen.

Bei einer systematischen Kontrolle von Neigungsabweichungen der Bohrungen eines 100 m tiefen Injektionsschleiers in steil geneigten Flyschsandsteinen zeigte sich, daß bei sorgfältigem Arbeiten bei 90% der Bohrungen die Abweichung 4° nicht überstieg. Bei den restlichen 10% der Bohrungen betrugen die Abweichungen jedoch bis zu 9°. In Amphiboliten mit steil geneigten Klüften wurden bei einer Schleiertiefe von 50 m Abweichungen der Bohrungen bis 12° gemessen.

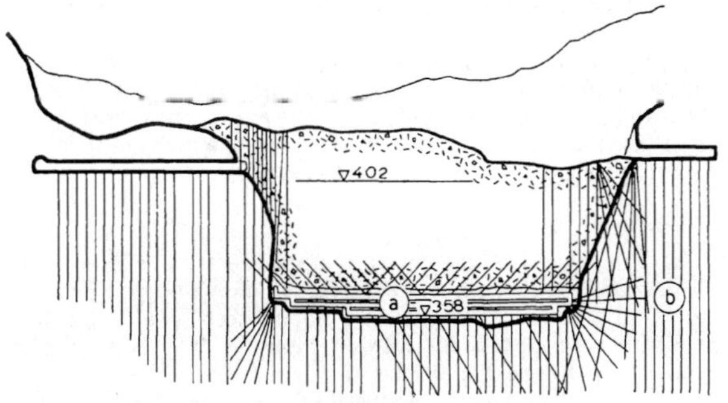

Abb. 9. Abdichtung des alten verschütteten Tales durch Injektionen
a — Injektionsstollen, b — Injektionsschleier

Die maximal möglichen Abweichungen müssen schon während der Probeinjektionen bestimmt werden, damit die notwendige Genauigkeit beim Bohrverfahren erreicht und die geeignete Methode festgestellt werden kann. Zur Kontrolle der Qualität der Injektionsarbeiten wurde in der ČSSR mit Erfolg die Fernsehsonde verwendet, z. B. beim Injektionsschleier der Orliker Talsperre und bei den Injektionen der Sicherungsarbeiten an der Felswand unterhalb der Burg Orlik in demselben Staubecken.

Zusammenfassung

In den letzten Jahren wurden von den Ingenieurgeologen der ČSSR bei der Bearbeitung von Talsperren zahlreiche Erfahrungen gesammelt. Verf. teilt insbesondere zu vier Problemen an Hand vieler Beispiele Untersuchungsergebnisse mit und macht Vorschläge zur Verbesserung der Injektionsarbeiten.

1. Bei der Beurteilung der Wasserdurchlässigkeit der Gesteine geht er von einer kritischen Betrachtung der Kriterien von H. JÄHDE und M. LUGEON aus und kommt zu der Feststellung, daß die zulässige Durchlässigkeit in erster

Linie von den geologischen Verhältnissen an der Sperrstelle bestimmt wird.

2. Zur vorläufigen Bestimmung der zulässigen Injektionsdrücke hat Verf. unter Berücksichtigung der Lagerungsverhältnisse ein Diagramm aufgestellt.

3. Weiterhin berichtet Verf. über die Voruntersuchungen zur Errichtung des Dichtungsschleiers, insbesondere über die für seine Tiefe und Anordnung gewonnenen Ergebnisse.

4. Im letzten Abschnitt wird kurz auf die bei den Injektionsbohrungen aufgetretenen Abweichungen eingegangen. Es hat sich gezeigt, daß steil einfallende Schichten oder Klüfte größere Abweichungen zur Folge haben als ungestört oder horizontal liegende Schichten.

Резюме

В последние годы инженер-геологи ЧССР накопили большой опыт при обработке проблем, связанных с плотиностроением. В частности, автор путём многих примеров сообщает результаты исследования относительно четырех проблем и выдвигает предложения для улучшения инъекционных работ.

1. При обсуждении водопроницаемости горных пород он исходит из критического рассмотрения критериев Г. Иеде и Г. Лугеон и приходит к установлению, что допустимая проницаемость определяется в первую очередь геологическими условиями на месте расположения плотины.

2. Для предварительного определения допустимых инъекционных давлений автор, учитывая условия залегания, составил диаграмму.

3. Дальше автор сообщает о предварительных исследованиях для сооружения уплотняющей завесы, особенно о полученных данных в отношении ее глубины и расположения.

4. В последнем разделе кратко обсуждаются отклонения, наблюдавшиеся при инъекционных скважинах. Оказалось, что крутопадающие слои или трещины обуславливают большие отклонения чем ненарушенные или горизонтально залегающие слои.

Summary

In the past ten years numerous experiences have been made by Czechoslovak engineer-geologists in dam design works. In particular, the author informs about test results on four problems illustrated by many examples and makes suggestions for improving injection works.

1. In judging rock permeability he proceeds from a critical consideration of criteria given by H. JÄHDE and G. LUGEON and states that the admissible permeability is primarily determined by geological conditions prevailing at the place of the barrage.

2. A diagram considering mutual relations has been established by the author for a provisional determination of admissible injection pressures.

3. Furthermore, the author reports of preliminary investigations on the construction of the grouting curtain, and particularly of results obtained for its depth and arrangement.

4. In the last paragraph departures found during injection drillings are briefly discussed. It was shown that steeply dipping strata or joints lead to greater departures than unfaulted or horizontal strata.

Literatur

ALLAS, E. E. & A. N. MEŠČERJAKOV: Die Zementierung im hydrotechnischen Bauwesen. – Moskau 1952.

ARIS, R.: Les travaux d'étanchement des terrains au barrage de Foumel Gherza. – V. Congrès des grands barrages, Paris 1955.

CIAMPI, G.: Diaframma nell'alveo epigenetico del bacino del Senaiga. – Geotecnica, Milano 1958.

CREAGER, W. P., J. D. JUSTIN & J. HINDS: Engineering for Dams. – New York 1944.

FUSÁN, O., Q. ZÁRUBA & K. HROMADA: Die geologische Untersuchung des Hornadtales für Talsperren zwischen Margecany und Kysak. – Geotechnika, Bratislava 1954.

GRUNDY, C. F.: The Treatment by Grouting of Permeable Foundations of Dams. – V. Congrès des grands barrages, Paris 1955.

HAYS, J. B.: Improving Foundation Rock for Dams. – Civil Engineering, Mai-Heft, S. 309, 1939.

JÄHDE, H.: Injektionen zur Verbesserung von Baugrund und Bauwerk. – Berlin 1953.

KEIL, K.: Ingenieurgeologie und Geotechnik. – Halle 1951.

KÖHLER, R. & F. REUTER: Einige ingenieurgeologische Probleme beim Bau von Talsperren in der ČSR. – Z. angew. Geol., **4**, S. 470–474, Berlin 1958.

KÖNIG, H. W.: Neuzeitliche Einpreßtechnik. – Wasserwirtschaft, H. 4, S. 120–132, Stuttgart 1952.

LUGEON, M.: Barrages et gélogie. – Lausanne 1933.

PLCH, J.: Die Wasserdurchlässigkeit der Injektionsschürzen im Talsperrenbau. – Sborník fakulty inž. stavitelství, Praha 1960.

REUTER, F.: Die Wasserdurchlässigkeitsprüfungen und Baugrundvergütung als ingenieurgeologische Untersuchungsmethoden bei Talsperrenbauten. – Z. angew. Geol., 4, S. 166–174, Berlin 1958.

SIMONDS, A. W., F. H. LIPPOLD & R. E. KEIM: Treatment of Foundations for Large Dams by Grouting Methods. – Transactions of Am. Soc. of Civ. Eng., **116**, New York 1951.

VERFEL, J.: Provádění vodních tlakových a injekčních zkoušek. – Stavební Geologie, Brno 1957.

VERFEL, J., V. ROTH & L. JAROLÍMEK: Průzkum hornin tlakovou vodní zkouškou. – Vodní hospodářství, Praha 1956.

ZÁRUBA, Q. & V. MENCL: Inženýrská geologie. – Praha 1957.

ZÁRUBA, Q. & J. RYBÁŘ: Zkušenosti s injektováním těsnící clony v porušených břidlicích. – Inženýrské stavby, Praha 1957.

Technische Bedingungen und Normen für die Projektierung hydrotechnischer Anlagen. (TU 24–112–48). Zementdichtungsschleier gegen die Filtration am Fundament der Hydroanlagen. – Moskau 1949.

Das „Zementlog"[1]

RUDOLF MEINHOLD, Freiberg

Die Kontrolle der Zementation von Erdölbohrungen ist eine Aufgabe, die bisher nur ungenügend gelöst werden konnte. Durch Druckproben ließ sich zwar feststellen, ob mindestens an einer Stelle ein dichter Abschluß der Verrohrung zur Erdoberfläche gelungen war, ob aber die für die Produktion entscheidenden Abschlußarbeiten einwandfrei waren, konnte nicht erkannt werden. Temperaturmessungen gestatteten, die Höhe des Zementkopfes zu bestimmen, und mittels radioaktiven Tracern, die dem Zement beigemischt wurden, ließen sich die Strecken unterscheiden, in denen der Zement hinter den Rohren stand, von solchen, in denen er fehlte. Diese Messungen konnten aber nichts aussagen über die Güte der Bindung zwischen Verrohrung und Zement oder zwischen Zement und Gebirge. Um auch darüber Unterlagen zu bekommen, sind in den letzten Jahren mindestens drei verschiedene Geräte auf akustischer Basis entwickelt worden, die sich bereits im Feldbetrieb bewährt haben. Sie gingen hervor aus dem Akustiklog, mit dem man kontinuierlich die Geschwindigkeit elastischer Wellen im Bohrloch messen kann und das ein wichtiges Hilfsmittel geworden ist zur direkten Bestimmung der Gesteinsporositäten. Die Ergebnisse sind aber auch sehr wertvoll für die Reflexionsseismik, die damit zuverlässige Geschwindigkeitswerte aus Bohrungen bekommt und Unterlagen für die Herstellung sogenannter synthetischer Seismogramme, die eine große Hilfe für die Auswertung bedeuten.

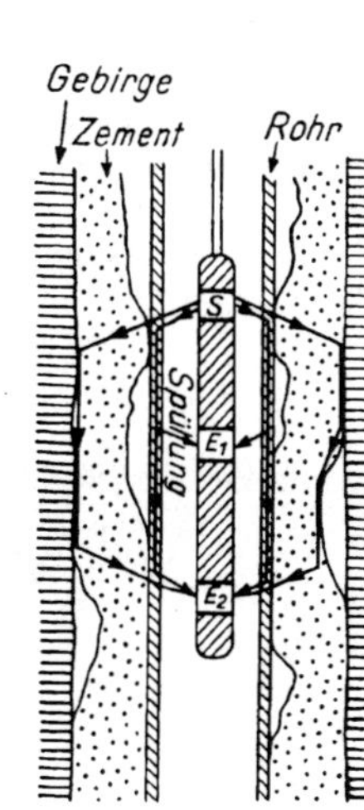

Abb. 1. Prinzip des Zementlogs

S – Sender; E-1, E2 – Empfänger

Während beim normalen Akustiklog die Ankunftszeit der ersten durch das Gebirge gelaufenen Welle registriert wird, woraus man die Geschwindigkeit erhält, wird beim

[1]) Eingang des Manuskripts in der Redaktion: 5. 7. 1961

Zementlog die Amplitude der ersten ankommenden Welle, die durch das Rohr gelaufen ist, gemessen und fortlaufend registriert.

Die grundsätzliche Möglichkeit der Amplitudenmessung wurde bereits von Summers & Broding (1952), welche die am meisten eingeführte Konstruktion eines Akustiklogs geliefert haben, angeführt. Sie verwendeten eine magnetostriktive Ultraschallquelle, die akustisch isoliert von einem Ultraschallempfänger in einer Bohrlochsonde untergebracht war. Die erste ankommende Welle erregte einen Relaisverstärker, der nur eine kurze Zeit eingeschaltet blieb, die gerade ausreichte, um den

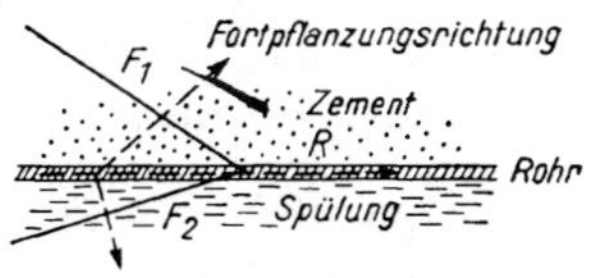

Abb. 2. Ausbildung der Kopfwelle bei guter Bindung Rohr/Zement
R – Ausbreitungsrichtung der Rohrwelle; F_1, F_2 – Wellenfronten der Kopfwelle

Impuls aufzunehmen. Die Spannungsamplitude dieses Signals, die dem mechanischen Impuls proportional ist, wurde nach entsprechender Verstärkung am Verstärkerausgang abgenommen und zur photoelektrischen Aufzeichnung der Amplitudenkurve genutzt. Bei einer Impulsfolge von 20 bis 30 pro Sekunde erreichte man eine enge Punktfolge, die eine kontinuierliche Kurve ergab. Summers & Broding verwendeten diese Werte, um Unterlagen für die Auswertung seismischer Messungen zu erhalten.

Der Gedanke, dieses System für die Kontrolle der Zementierung zu verwenden, ist wesentlich jünger. Im Oktober 1960 berichteten Thurber & Gay auf der Herbsttagung der AIME in Denver (Colorado) über das SATA-Log. Grosmangin, Kokesh & Majani (1961) gaben Ergebnisse mit dem Gerät der Schlumberger Well-Surv. Corp. bekannt. Weitere Versuche liefen in Frankreich (Schwaetzer & Morlet 1961), und schließlich wurde das modernste Gerät dieser Art, das Prakla-Zementlog, auf der Jahrestagung der Deutschen Geophysikalischen Gesellschaft 1961 in Hannover der Fachwelt an einem Modellbohrloch vorgeführt.

Die Grundlagen dieser Methode sind folgende:

Wenn eine Sonde der geschilderten Art (Abb. 1) die Verrohrung abfährt und in der gewählten Zeitfolge

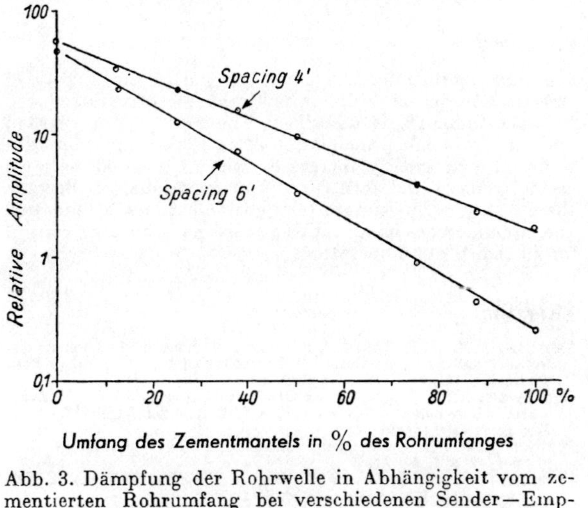

Abb. 3. Dämpfung der Rohrwelle in Abhängigkeit vom zementierten Rohrumfang bei verschiedenen Sender–Empfänger-Entfernungen (spacing) (nach M. Grosmangin u. a.)

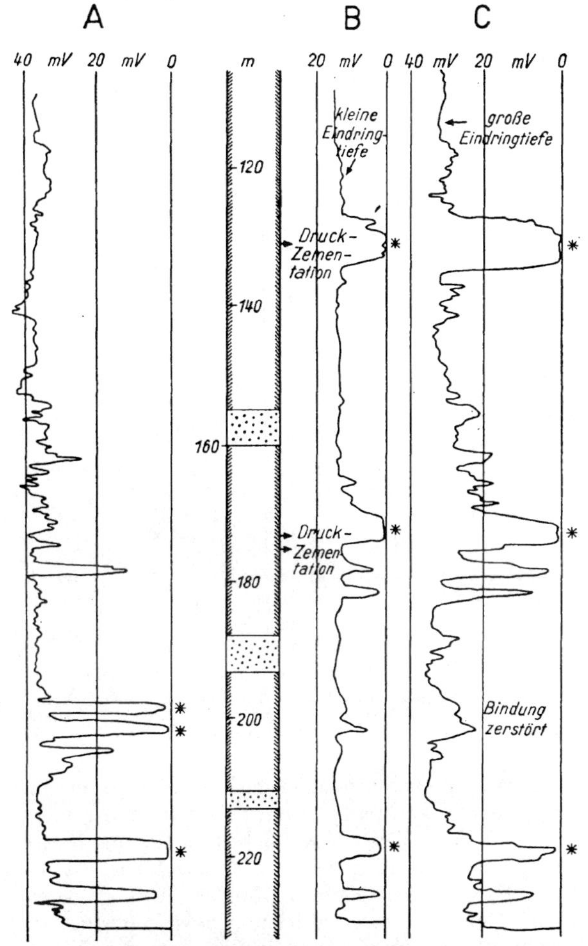

Abb. 4. Kontrolle der Zementierungsarbeiten im Speichergestein (Nach Prakla, Techn. Mitt. Nr. 5)

A – Kurve nach der ersten Zementierung, Abdichtung nur an einigen Stellen gelungen (Sterne), doch sind die Speicher untereinander und nach der Erdoberfläche nicht abgeschlossen; B und C – Kurven nach Druckzementation (kleine Pfeile), guter Abschluß an den durch Sterne markierten Stellen

Ultraschallimpulse aussendet, können folgende Fälle auftreten:

1. Das Rohr ist nicht mit dem Zement verbunden. Zwischen Rohr und Zementmantel klafft ein Spalt, der ein Hindernis für die Ausbreitung des Ultraschallimpulses ist. In diesem Falle läuft die Welle nur im Stahl der Verrohrung, wobei erstere ihre Energie an die Spülung überträgt und damit auf die Empfänger E. Man war früher der Ansicht, daß eine Schicht, deren Mächtigkeit kleiner sei als $^1/_4$ Wellenlänge, die Energie nicht leiten könne. Das hat sich als irrig erwiesen; jedoch verursacht diese dünne Schicht Stahl eine Wellendämpfung, die wie in anderen Fällen nach einer e-Funktion darstellbar ist und etwa folgende vereinfachte Form hat:

$$A = A_0 e^{-af^2x}$$

A = Amplitude
A_0 = Bezugsamplitude zur Zeit t = 0
a = Dämpfungsfaktor
f = Frequenz
x = Entfernung

Es wird auf diese Weise keine Energie an den Zement oder das Gebirge abgegeben. Der ausgesandte Impuls kommt mit einer maximalen Amplitude im Empfänger an.

2. Die Verrohrung ist mit dem Zementmantel und mit dem Gebirge fest verbunden. In diesem Falle kann sich

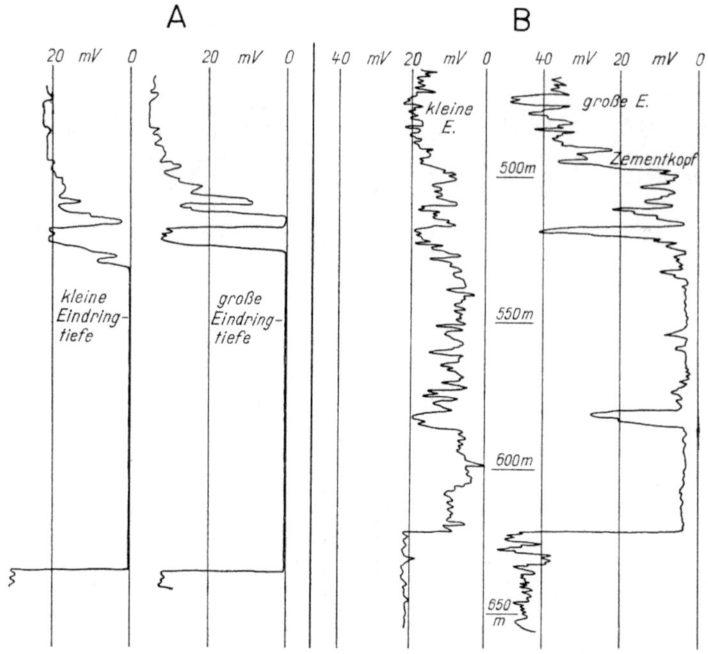

Abb. 5. Zementierungsbeispiele
A – Beispiel einer guten Zementierung (gute Bindung zwischen Rohr und Zement und zwischen Zement und Gebirge); B – Beispiel einer schlechten Zementierung (zum Gebirge brauchbare Bindung, zur Verrohrung sehr schlechte); (nach Prakla, Techn. Mitt. Nr. 5)

der Ultraschall außer im Rohr auch im Gebirge und im Zementmantel ausbreiten. Dieser Fall ist immer möglich, wenn die Wellengeschwindigkeit im Material hinter den Rohren kleiner ist als im Stahl. Das aber ist die Regel. Es entstehen dann Kopfwellen (Abb. 2), deren Unterhaltung mit beträchtlichem Energieverzehr verbunden ist. Weitere Kopfwellen können an der Grenze Zement/Gebirge entstehen. Die Wellendämpfung in einem voll zementierten Rohr beträgt daher nach den Messungen von GROSMANGIN u. a. (1961) 8 db pro Fuß gegen 0,8 db pro Fuß im unzementierten Rohr.

3. Die Zementierung ist unvollständig. In diesem Falle ergeben sich Dämpfungswerte, die zwischen den beiden Extremen liegen, wie das aus den Versuchsergebnissen hervorgeht, die in Abb. 3 dargestellt sind.

Es interessiert aber auch die Frage, ob die Bindung Rohr/Zement oder Zement/Gebirge schlecht oder gut ist. Dies zu beurteilen wird mit der 2-Empfänger-Anordnung des Prakla-Zementlogs möglich. Die Eindringtiefen sind so bemessen, daß mit der kürzeren Entfernung Sender—Empfänger hauptsächlich der Bereich Rohr/Zementmantel untersucht wird, mit der größeren aber der Bereich Zementmantel/Gebirge. Man bekommt zwei Kurven, aus deren Vergleich man entscheiden kann, in welchem Teufenbereich die Mängel der Zementierung liegen. Außerdem können laufend die ankommenden Impulse durch Filmaufnahmen eines Oszillographen verfolgt werden, wodurch man neben der Kontrollmöglichkeit weitere Unterlagen für die Auswertung erhält.

Das ankommende seismische Signal besteht aus einem Vorläufer — einer Welle kleiner Amplitude — und den mit Gruppengeschwindigkeit laufenden Wellen großer Amplitude, welche die Hauptmenge der Energie transportieren. Beim SCHLUMBERGER-Gerät wird die erste Welle des Hauptzuges zur Aufzeichnung der Kurven benutzt. Beim Prakla-Gerät wird über einen bestimmten Bereich des Wellenzuges integriert und dieser Wert benutzt.

Ergebnisse

Bei allen Geräten wird die Amplitude, die bei völliger Zementbindung auftritt, gleich 0 gesetzt. Die darüberliegenden Amplituden, die eine mehr oder weniger schlechte Bindung anzeigen, werden in Millivolt angegeben. Man erhält dann Ergebnisse, wie sie in Abb. 4 und 5 dargestellt sind. Sie zeigen Beispiele für gute und schlechte Zementbindung und gleichfalls eine Darstellung, wie man z. B. nach Druckzementation den Erfolg der Arbeiten kontrollieren kann. Die Regel ist also allgemein: Werte um 0 mV bei der kurzen Eindringtiefe zeigen gute Bindung zwischen Rohr und Zement. Nullwerte bei der großen Eindringtiefe sind für gute Bindung zwischen Zement und Gebirge charakteristisch.

Diese Methode ist für den Erdölgeologen von allergrößtem Interesse. Wie viele mißlungene Teste wurden zum Streitobjekt zwischen Geologen und Ingenieuren, weil stets die Frage auftauchte, ob die Zementierung einwandfrei war. Nunmehr ist es vor jedem Test möglich, sich zu überzeugen, ob der allseitige Abschluß gelungen ist oder nicht.

Zusammenfassung

Es wird ein neues Verfahren in der geophysikalischen Meßtechnik beschrieben, das gestattet, auf akustischer Basis die Güte des Zementmantels hinter der Verrohrung zu ermitteln. Es beruht auf Amplitudenmessung des empfangenen Ultraschallimpulses, wobei die Höhe der Amplitude von der Güte der Zementbindung zwischen Verrohrung und Gebirge abhängt. Das Gerät ist als „Zementlog" in der Industrie eingeführt.

Резюме

Описывается новый способ геофизической измерительной техники, позволяющей на акустической основе определить качество цементного кольца за колонной. Он основывается на измерении воспринятого ультразвукового импульса, причем высота амплитуды зависит от качества цементной связи между колонной и породой. Прибор используется в промышленности как „цементлог".

Summary

A new method for the determination of the quality of cementation in oil wells, which was recently introduced into the industry, is described. The new logging method operates on sonic principles, that is the attenuation of a sonic pulse is greatly increased, when the bond between casing, cement and formation is of good quality. Because there ist a straight-forward relationship between attenuation and circumference bonded, this method gives an easy control for all cementation operations.

Literatur

GROSMANGIN, M., F. P. KOKESH & P. MAJANI: A sonic method for analysing the quality of cementation of borehole casings. – Journ. of Petr. Technol., XIII, 2, S. 165–171 (1961).
SCHWAETZER, T. & I. MORLET: Amplitude measurements of ultrasonic waves in bore holes. – Vortrag a. d. XX. Tagung der EAEG, Mai 1961, Den Haag – Scheveningen.
SUMMERS, G. C. & R. A. BRODING: Continuous velocity logging. – Geophysics, 17, 3, S. 598 (1952).
THURBER, C. H. & B. I. GAY: SATA-Log. – Preprint, 35th Annual Fall Meeting AIME, Denver, Color., Octob. 1960.
Zementationskontrolle durch Prakla-Zementlog. – Prakla, Technische Mitteilungen Nr. 5, März 1961.

Mechanisierung der Arbeiten im Bohrturm[1])

HANS OTTO JOKSCH, Berlin

Gestängeheber

Neben Taktstraßen und Produktionsautomaten, neben der Vollautomatisierung ganzer Arbeitskomplexe und der weitgehenden Mechanisierung der Produktionsprozesse mutet die heute noch übliche Arbeitsweise bei verschiedenen Arbeitsprozessen in einem Bohrturm veraltet an, und in der Tat ist die Entwicklung hier auch stark zurückgeblieben.

Dessenungeachtet hat es hier an Vorschlägen nicht gefehlt, den einen und anderen Arbeitsvorgang durch Zuhilfenahme von Vorrichtungen für den Menschen zu erleichtern und gefahrloser zu gestalten.

Den Hauptanteil an schwerer körperlicher Arbeit bringen die durchzuführenden Arbeitsvorgänge beim Ein- und Ausbau des Bohrgestänges zum Zwecke des Bohrens, Testens, Fangens sowie der Einbau der Bohrlochverrohrung und gegebenenfalls auch deren Ausbau.

Da die Arbeiten zum Ein- und Ausbau des Bohrgestänges infolge relativ geringer „Standzeit" des an der Sohle wirkenden Bohrwerkzeuges einen erheblichen Anteil der Gesamtarbeitszeit eines Bohrarbeiters ausmachen, sind die Gedanken und Entwürfe besonders auf diese Arbeitsvorgänge konzentriert.

Als vorläufiges Hauptziel kann die Abschaffung der Tätigkeit des Turmsteigers angesehen werden. Dazu ist erforderlich, die vom Turmsteiger bisher ausgeführten Operationen des Ausklinkens der Gestängezüge und Abstellens in dem dafür vorgesehenen Raum und umgekehrt durch selbsttätige Vorrichtungen zu ersetzen.

Als weiterer Schritt werden die Gestängean- und -abschraubarbeiten mechanisiert. Schließlich muß das Heran- und Wegführen der Gestängezüge vom sog. Gestängebock zur Bohrlochmitte und zurück durch maschinelle Einrichtungen bewältigt werden. Dann kann man dazu übergehen, die einzelnen Arbeitsgänge nicht mehr wie bisher nacheinander, sondern zum Teil zeitlich zusammenfallend auszuführen. Dieser ganze Mechanisierungskomplex erfordert zu seiner Verwirklichung noch eine umfangreiche konstruktive Entwicklungsarbeit, die jedoch ohne Schwierigkeit schrittweise durchgeführt werden kann.

Der erste Schritt wurde getan bei der Entwicklung des mehr oder weniger selbsttätigen Gestängehebers.

Vorschläge in verschiedener Richtung wurden unterbreitet, um die vielen von Hand durchzuführenden Arbeitsgänge beim Einhaken, Abfangen und Auslösen des Gestänges selbsttätig zu gestalten.

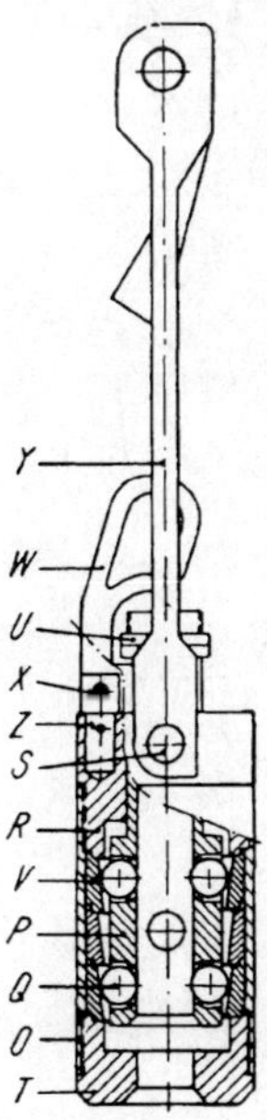

Abb. 1. Craelius-Gestängeheber

Y – Bügel, W – Hebel, U – Stellring, X – Stift, Z – Bolzen, S – Bolzen, R – Oberteil, V – konischer Ring, P – Kugelhalter, Q – Stahlkugel, O – Außenrohr, T – Unterteil

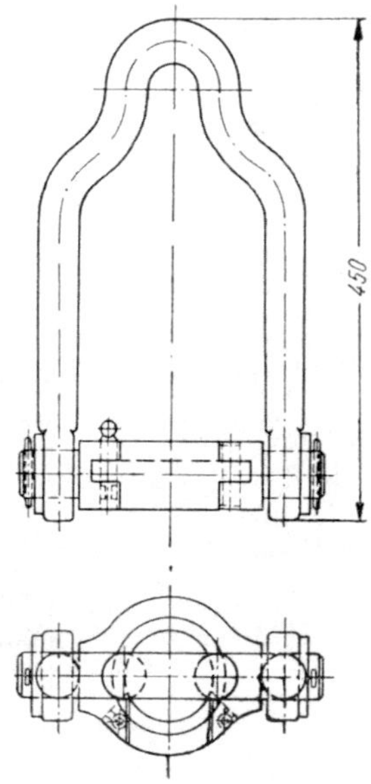

Abb. 2. Einbauelevator nach KADOTSCHNIKOW

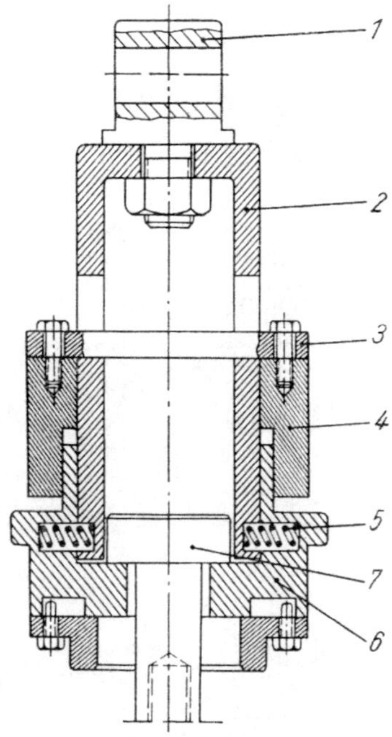

Abb. 3. Elevator nach KADOTSCHNIKOW

1 – Buchse, 2 – Bügel, 3 – Deckel, 4 – Außenrohr, 5 – Feder, 6 – Halter, 7 – Kopfstück

Einige dieser bisher vorgelegten Möglichkeiten, der heutige Stand, die mögliche Weiterentwicklung sollen im folgenden dargelegt werden.

Die Gestängehebevorrichtung (Elevator)

1. Craelius-Gestängeheber

Gute Ansatzpunkte hat der Konstrukteur bei der Entwicklung einer Hebevorrichtung für Craelius-Gestänge durch die an den Gestängeverbindern vorhandenen Einfräsungen.

Von der Firma Craelius wurde ein automatischer Gestängeheber (Abb. 1) herausgebracht. Das Gestänge wird durch in Käfigen mit konischen (nach unten verengenden) Außenwandungen V gelagerten Kugeln Q selbsttätig eingeklemmt. Dabei ist der Klemmeffekt um so wirksamer, je größer die Gestängelast ist. Das Lösen des Gestänges wird durch Entlasten des Hebers und Anheben des Käfigrohres P bewerkstelligt.

2. Gestängeheber nach KADOTSCHNIKOW

Er verwendet für Einbau und Ausbau der Gestängezüge verschiedene Heber.

Diese Konstruktionen (Abb. 2 u. 3) bringen als wesentlichen Vorteil den Fortfall der Tätigkeit des Turmsteigers. Allerdings können diese Heber nicht als automatisch angesehen werden, da noch eine Reihe sogar zusätzlicher Arbeitsgänge von Hand durchgeführt werden müssen. So muß z. B. auf jeden auszubauenden Gestängezug ein Kopfstück 7 aufgeschraubt werden. Zum Einbau wird der Heber nach Abb. 3 verwendet. Dieser wird auf der Arbeitsbühne an dem Gestänge befestigt und gleitet an diesem herauf, bis das Kopfstück in der Elevatoröff-

[1]) Eingang des Manuskripts in der Redaktion: 15. 8. 1961

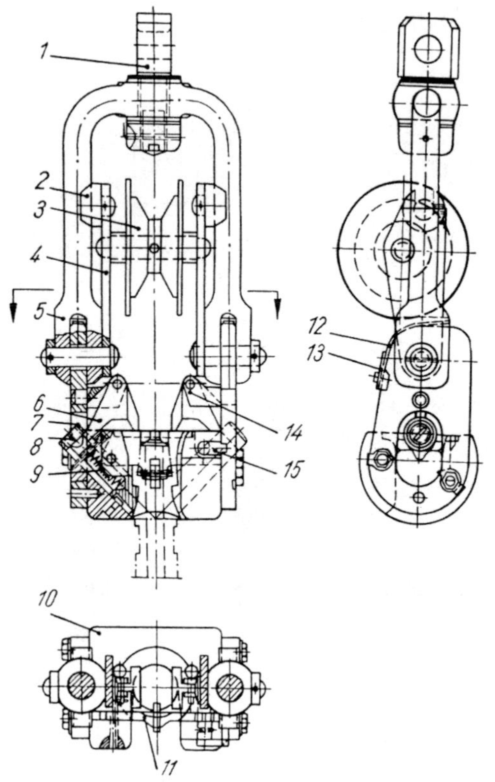

Abb. 4. Konstruktion nach Snitkowski

1 – Aufhängung, 2 – Rollenhalter, 3 – Rolle, 4 – Rollensteg, 5 – Gabel, 6 – Taster, 7 – Plunger, 8 – Schraube, 9 – Feder, 10 – Gehäuse, 11 – Riegel, 12 – Sicherheitsblech, 13 – Befestigung, 14 – Tasterhalter, 15 – Sicherung

nung hängen bleibt und der Gestängezug angehoben und eingelassen werden kann.

Als nächstfolgender Entwicklungsschritt wurde erreicht, daß das Ein- und Ausbauen mit einer Vorrichtung bewerkstelligt wird (sowjet. Konstruktion System ZKB).

Für die Arbeitsgänge ist hierbei jedoch noch ein sogenannter Greifer erforderlich.

Die Durchführung aller Arbeitsvorgänge mit einem Gerät ohne Zusatzeinrichtung wird durch die Konstruktion von Snitkowski verwirklicht.

3. Gestängeheber nach Snitkowski

Besondere Beachtung verdient dieses Gestängehebezeug, das in seinem Aufbau recht kompliziert und demzufolge sicher störanfällig im Bohrbetrieb ist, jedoch dafür als fast selbsttätig arbeitend angesprochen werden kann. Diese von Snitkowski entworfene Konstruktion (Abb. 4) besteht wie die vorhergehend besprochenen Konstruktionen aus den Aufhängebügeln 5 mit dem daran befestigten Hebegehäuse 10.

Das eigentliche Hebeelement bilden kleine Bolzen 7, die durch Federkraft 9 nach außen gedrückt und — das ist das völlig Neue — durch spezielle Taster 6 gesteuert werden.

Zur Aufnahme des Gestänges wird der Gestängeheber über das Gestängeende gestülpt. Hierbei werden die Bolzen infolge des Eigengewichtes des Gestängehebers nach innen gedrückt. Nach Passieren des Ringteiles vom Gestängeverbinder schnappen die Bolzen unter der Federkraft nach außen und fassen das Gestänge. Dieses kann nun angehoben oder eingelassen werden. Das Hebegehäuse hat ebenfalls eine seitliche Öffnung, die durch einen schwenkbaren Riegel 11 gesichert ist. Dieser Riegel stützt sich auf dem Ringteil des Gestängeverbinders auf. Nach Abstellen des Gestängezuges auf dem Gestängebock wird der Gestängeheber herabgelassen, wobei der Riegel angehoben und die seitliche Öffnung freigegeben wird. Der Gestängeheber kann sich vom Gestänge lösen und frei herabgelassen werden.

Beim Einbau des Gestänges wird der Gestängeheber auf der Arbeitsbühne an dem einzubauenden Gestängezug befestigt, mit dem Riegel gesichert und heraufgezogen. Die Taster tasten die Oberfläche des Gestänges mit Verbinder ab und steuern die Fangbolzen 7. Erst wenn der Gestängeheber so weit angehoben ist, daß die Taster über den Gestängezug hinausragen, geben sie die Fangbolzen frei, so daß diese unterhalb des Ringteils einklinken können.

Dieser weitgehend selbsttätige Gestängeheber benötigt keine weiteren Zusatzeinrichtungen, dafür aber einen speziellen Gestängeverbinder. Er ist für 42er, 50er und 63,5er Gestänge gedacht. Seine Tragfähigkeit beträgt 10 t. Infolge seines komplizierten Aufbaus ist eine besonders gründliche Pflege erforderlich. Der Gestängeheber sollte nur da eingesetzt werden, wo selbsttätige Gestängereiniger vorhanden sind.

4. Gestängeheber nach dem Greiferprinzip

Alle bisher beschriebenen Heberkonstruktionen waren nur zum Teil selbsttätig, benötigten größtenteils zusätzliche Einrichtungen oder sind nur für bestimmte Gestängetypen brauchbar. Es wurde darauf abgezielt,

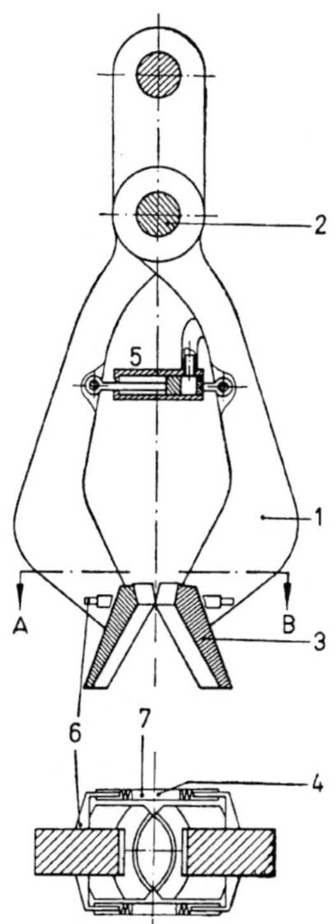

Abb. 5. Heber nach Greiferprinzip

1 – Greiferarm, 2 – Bolzen, 3 – Greiferbacke, 4 – Feder, 5 – Steuerapparatur, 6 – Hebel, 7 – Hülle

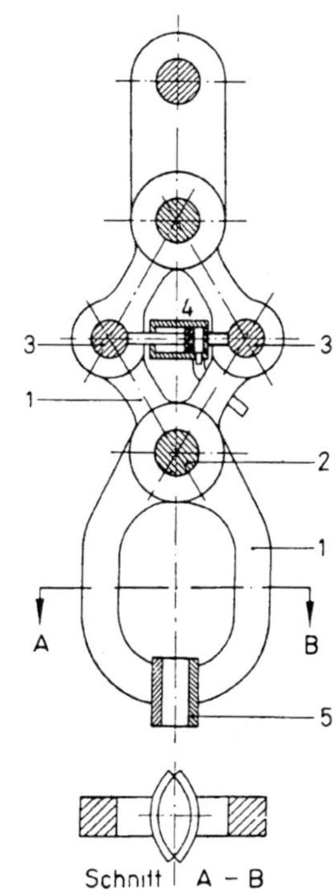

Abb. 6. Gestängegreifer

1 – Greiferarm, 2 – Bolzen, 3 – Bolzen, 4 – Steueraggregat, 5 – Greiferplatte

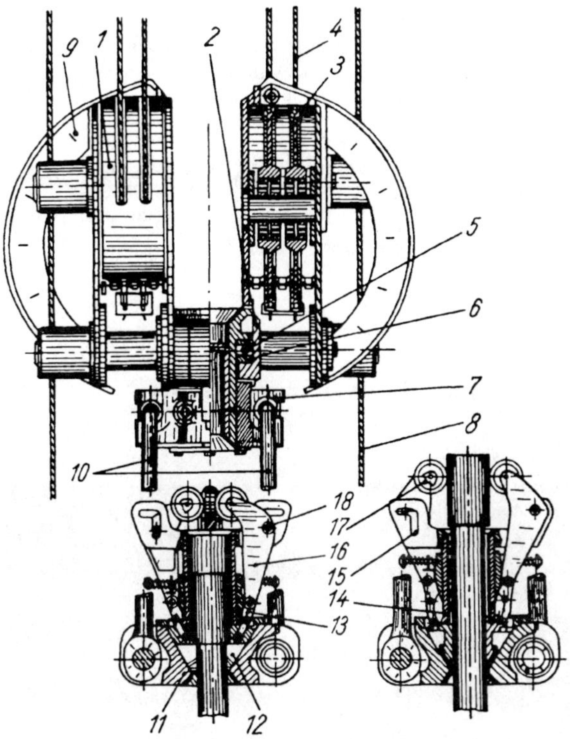

Abb. 7. Elevatorsystem ASP

1 – Sicherungsblech, 2 – Stütze, 3 – Seilführung, 4 – Seil, 5 – Sicherung, 6 – Lager, 7 – Oberteil, 8 – Seil, 9 – Außenteil, 10 – Bügel, 11 – Gehäuse, 12 – Keil, 13 – Steuerblech, 14 – Hülse, 15 – Öffnung, 16 – Winkelblech, 17 – Rolle, 18 – Bolzen

die Tätigkeit des Turmsteigers auszuschalten und alle Arbeiten auf der Arbeitsbühne auszuführen. Dabei machen sich sehr oft zusätzliche Arbeitsgänge erforderlich.

Die Automatisierung verlangt nicht, daß die betreffenden Arbeitsgänge völlig selbsttätig erfolgen, vielmehr ist die Zuhilfenahme von Steuervorrichtungen (elektrisch, pneumatisch, hydraulisch) meist unvermeidbar. Die bisherige steuernde Tätigkeit des Menschen erschöpft sich in der Bedienung des Hebewerkes.

Bedient man sich einmal der erwähnten Steuersysteme, so bieten sich dem Konstrukteur sogleich Möglichkeiten zur Lösung des Elevatorproblems an. Es soll daher hier ein Prinzip vorgeschlagen werden, das bisher bei der Entwicklung von Gestängehebern keine Beachtung gefunden hat. Es handelt sich um das in der metallurgischen Industrie seit eh und je verwendete Greiferprinzip.

Eine Möglichkeit zu seiner Anwendung auf den Gestängehebervorgang ist schematisch in Abb. 5 zu sehen.

Die Greiferarme 1 sind in einem Bolzen 2 drehbar gelagert. Die Greiferbacken 3 erweitern sich nach unten. Zur Aufnahme des Gestängezuges wird der Gestängeheber über dem Gestängeende herabgelassen. Durch die Konizität der Greiferbacken werden diese durch das Eigengewicht des Hebers vom Gestängeende auseinandergekeilt. Nach Passieren des Gestängeverbinders greifen die Backen das Gestänge selbst und stützen sich auf der Kante des Gestängeverbinders auf. Die Federn 4, die an den Hebeln 6 befestigt sind, ziehen die Arme zusätzlich zusammen und verhindern somit, daß sich der Gestängeheber bei etwaigem Aufsetzen eines Gestängezuges auf dem Drehtisch, was bisweilen beim Einlassen vorkommen kann, vom Gestänge löst. Dementsprechend sind sie zu bemessen. Vor Verunreinigungen werden die Federn durch die Hüllen 7 gesichert.

Das Lösen des Gestängehebers erfolgt in der Weise, daß dieser etwas nachgelassen wird und die Greiferarme unter Zuhilfenahme der Steuerapparatur 5 auseinandergedrückt werden.

Wichtig für die Arbeit dieses Gestängehebers ist, daß Gestängeübergänge mit ebenen Stirnflächen verwendet werden. Bei den Gestängetypen, bei denen die Stirnflächen der Gestängeverbinder als Dichtfläche dienen, ist das beschriebene selbsttätige Aufkeilen der Greiferarme nicht ratsam, da hierdurch die Kanten der Verbinderstirnflächen mit der Zeit abgerundet werden, vielmehr sind hierbei auch beim Greifen des Gestänges die Greiferarme durch die Steuerapparatur 5 auseinanderzuschwenken.

Eine andere Möglichkeit ist in Abb. 6 zu sehen. Für Gestänge, deren Übergänge an den Stirnflächen abgekantet oder abgerundet sind, empfiehlt es sich, einen Teil der Greiferkraft auch am Gestänge selbst wirken zu lassen.

Die Greiferarme 1 sind in dem Bolzen 2 drehbar gelagert und werden durch das Auseinanderdrücken der Bolzen 3 durch das Steueraggregat 4 auseinandergeschwenkt. Der Greiferarm 1 stellt von Bolzen 3 bis Greiferplatte 5 ein starres Teil dar.

Hier ist die Betätigung des Steueraggregats beim Goeifen und beim Lösen erforderlich. Die ebenfalls erforderlichen Sicherungsfedern sind nicht eingezeichnet.

Der Anpreßdruck der Greiferplatten steigt mit der Gestängelast.

Das nur schematisch angedeutete Steuerorgan 4 kann zur Vergrößerung des möglichen Hubes an die Außenseite des Hebers verlegt werden.

Bei der Arbeit mit diesen Gestängehebern bliebe lediglich eine steuernde Tätigkeit für den Menschen. Zusätzliche Fangvorrichtungen sind nicht erforderlich. Allerdings müssen gewisse Maßnahmen der sog. Kleinmechanisierung bereits durchgeführt sein (pneumatische oder hydraulische Abfangkeile und Mechanisierung der Heran- und Wegführung der Gestängezüge zur Bohrlochmitte und zurück).

5. Das Elevatorsystem der Versuchsanlage „ASP"

Abschließend sei noch auf ein von RAIGORODSKY beschriebenes Elevatorsystem eingegangen, das einen größeren Aufwand an maschinellen Einrichtungen und Anschaffungskosten erfordert und sich deshalb nur an schweren Bohranlagen rentiert.

Der Flaschenzugblock dieses Systems ist zweiteilig (Abb. 7), so daß im Inneren der beiden Teile der freie Durchgang des Gestänges gewährleistet ist. Der Elevator ist der SNITKOWSKI-Konstruktion sehr ähnlich, jedoch weniger kompliziert. Er besteht aus dem Gehäuse 11, in dem vier Keile 12 gelagert und an der Buchse 13 befestigt sind. Diese Buchse bewegt sich längs eines Führungsstutzens 14. An der Buchse sind vier Laschen 16 mit Rollen 17 befestigt. Die Laschen werden längs der winkelförmigen Ausfräsungen geführt. Die Rollen haben hier eine ähnliche Funktion wie die bei SNITKOWSKI beschriebenen Taster. An die Stelle der Kolben sind Keile getreten.

Der Gestängeausbauvorgang erfolgt hierbei vollkommen selbsttätig. Einige Arbeitsgänge überlagern sich zeitlich.

Ein heraufgezogener Gestängezug wird am Drehtisch automatisch abgefangen. Während sich der Elevator abwärts bewegt, wird der Gestängezug vom Abstellmechanismus gegriffen, und nachdem der Elevator bereits den aus dem Bohrloch ragenden nächsten Gestängezug erfaßt hat, wird die Abschraubvorrichtung herangeführt und in Tätigkeit gesetzt.

Beim Einbau des Gestänges ist diese selbsttätige Arbeitsweise nicht gegeben.

Durch Anwendung des unter 4. beschriebenen ferngesteuerten Greiferprinzips können der Aufbau des hierbei verwendeten Elevators bedeutend vereinfacht und auch der Einbauprozeß mechanisiert werden.

Literatur

LITWINOW, N. N.: Mechanisierung der Ein- und Ausbauarbeiten beim Niederbringen vertikaler geologischer Bohrungen. -- Gosgeoltechisdat, Moskau 1958.

RAIGORODSKI, R. P.: Komplexe Mechanisierung der Ein- und Ausbauarbeiten beim Bohren auf Erdöl und Erdgas. — Mechanisazija i awtomatisazija proiswodstwa, Heft 5, Moskau 1960.

Einfaches Zusatzgerät zur Messung schlecht aufgeschlossener Gesteinsflächen[1]

ERNST SCHLEGEL, Berlin

Beim Messen der Orientierung von Schicht-, Schieferungs- oder Kluftflächen im Aufschluß trifft man häufig ungenügend freigelegte Flächen an, bei denen eine direkte Messung durch Anlegen des Kompasses nicht möglich ist. Oft läßt sich an vor- oder einspringenden Ecken jedoch die Schnittkante dieser Flächen mit der Gesteinsoberfläche in zwei winklig zueinander verlaufenden Richtungen feststellen. Will man bei statistischen Messungen nicht auf die Werte für diese Flächen verzichten, so kann man nach Messung der beiden Schnittkanten die Flächenlage auf dem WULFFschen Netz graphisch ermitteln. Beide Arbeitsgänge, Messung der Linearen und Konstruktion auf dem Netz, können relativ zeitraubend sein.

Ein spezielles graphisches Verfahren für Lockersedimente schlug H. ILLIES (1949) vor.

F. G. BERRY (1960) berichtete über ein Zusatzgerät zum Geologenkompaß, mit dessen Hilfe es möglich ist, Flächen, von denen zwei Schnittkanten aufgeschlossen sind, direkt zu messen. Die Arbeit von BERRY war Anlaß zur Konstruktion des hier dargestellten einfacheren Hilfsgerätes zum zweikreisigen Geologenkompaß.

Der Zweck des Gerätes besteht darin, eine Hilfsfläche parallel zu der zu messenden Fläche zu schaffen, an die

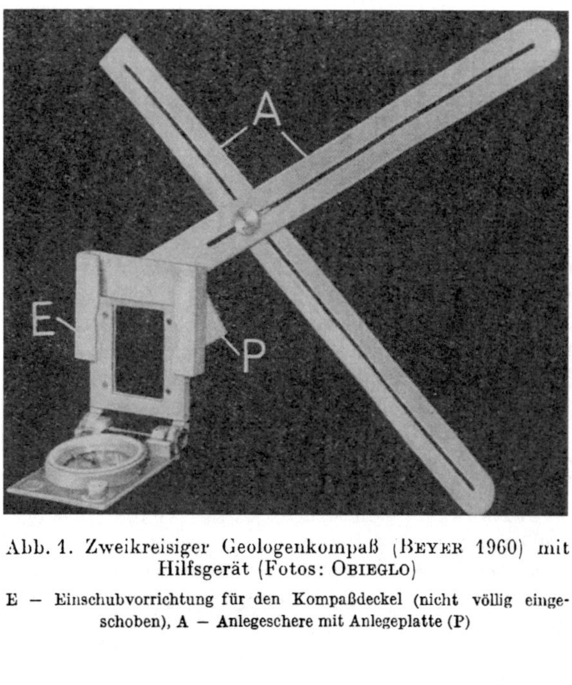

Abb. 1. Zweikreisiger Geologenkompaß (BEYER 1960) mit Hilfsgerät (Fotos: OBIEGLO)

E – Einschubvorrichtung für den Kompaßdeckel (nicht völlig eingeschoben), A – Anlegeschere mit Anlegeplatte (P)

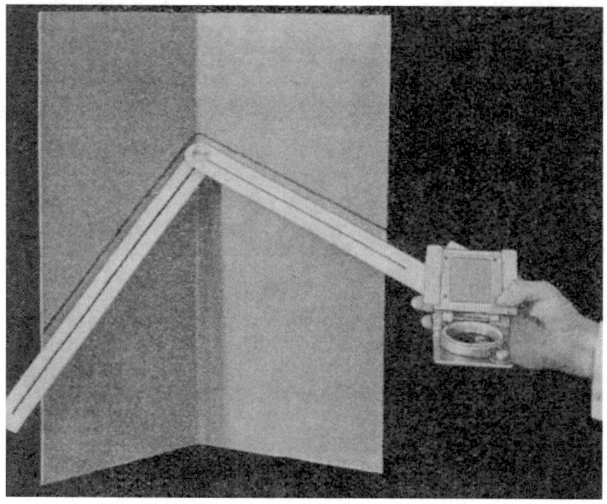

Abb. 2. Messung der Flächenlage an einspringenden Ecken

der Kompaß angelegt werden kann. Zwei Schenkel einer Anlegeschere werden an die aufgeschlossenen Schnittkanten angelegt. Wird ein Schenkel der Schere zu einer Platte verbreitert, so ist die Raumlage dieser Platte mit der Orientierung der Fläche identisch, und man erhält die erforderliche Anlegefläche für den Kompaß.

Das Hilfsgerät besteht aus einer Einschubvorrichtung (Abb. 1, E) für den Kompaßdeckel und einer Anlegeschere (A). Die Einschubvorrichtung verbindet Kompaß und Hilfsgerät. Sie ist durch eine Schraube (auf den Abb. nicht sichtbar) mit der Anlegeplatte (P) der Anlegeschere drehbar verbunden. Die Anlegeplatte dient als Hilfsfläche, die beim Meßvorgang parallel zu der zu messenden Gesteinsfläche liegt. Bei genügend breiten Schenkeln der Anlegeschere könnte man ohne sie auskommen. Jedoch ermöglicht sie es, gut aufgeschlossene Gesteinsflächen ohne Trennen von Kompaß und Hilfsgerät zu messen, indem sie direkt auf die Gesteinsfläche gelegt wird.

Die Anlegeschere besteht aus zwei mit Führungsnuten versehenen Schenkeln, die ebenfalls durch eine Schraube drehbar miteinander verbunden sind. Durch diese Konstruktion ist es möglich, im Aufschluß sowohl an vorspringenden als auch an einspringenden Ecken zu

[1]) Eingang des Manuskripts in der Redaktion: 20. 9. 1961

messen und die Länge der Anlegeschenkel den Aufschlußverhältnissen anzupassen.

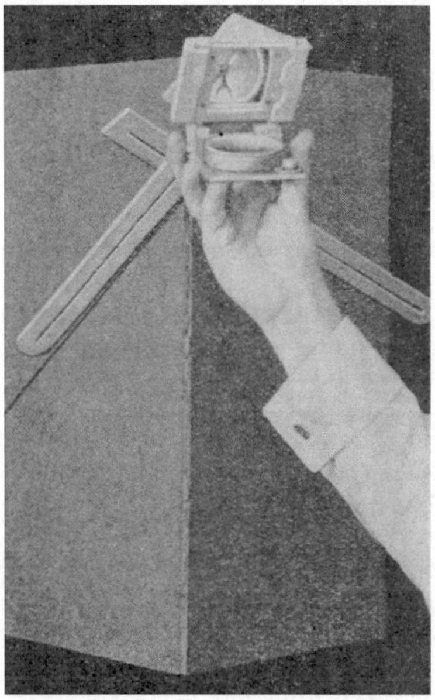

Abb. 3. Messung hochliegender Flächen
Die Fallrichtung wird im Spiegel abgelesen

Das abgebildete Gerät besteht aus Sperrholz und Leichtmetallschrauben. Das zu verwendende Material, die Art der Verbindung von Kompaß und Hilfsgerät sowie die Größe der Anlegeschere sind vom Verwendungszweck abhängig. Für Messungen in gut geklüfteten Gesteinen kann z. B. die Anlegeschere kleiner gehalten werden.

Der Meßvorgang ist einfach. Bei Messungen an vorspringenden Ecken werden die mit Führungsnuten versehenen Anlegeschenkel so verschoben, daß sie an die Schnittkanten angelegt werden können. Die danach mit dem Kompaß auszuführenden Bewegungen entsprechen dem Meßvorgang an anderen Flächen (Längsachse des Kompasses in die Fallrichtung drehen, Einfallswinkel durch Horizontalstellen der Bodenplatte ermitteln). Bei Messungen an einspringenden Ecken wird wie auf Abb. 2 verfahren. Für Messungen an hochgelegenen Flächen ist die auf Abb. 3 angegebene Arbeitsstellung möglich, bei der die Fallrichtung im Spiegel abgelesen wird.

Literatur

BERRY, F. G.: A New Instrument for Determining Planar Orientation. – Geological Magazine, XCVII, S. 309–312 (1960).

BEYER, E.: Vorschlag zur Modernisierung des Geologenkompasses. – Z. angew. Geol., 6, S. 626–627 (1960).

ILLIES, H.: Die Schrägschichtung in fluviatilen und litoralen Sedimente, ihre Ursachen, Messung und Auswertung. – Mitt. Geol. Staatsinst. Hamburg, 19, S. 89–109, Hamburg 1949.

Kurzverfahren zur Bestimmung der Alkalien in Silikaten[1]

ERIKA WOHLMANN, Berlin

1. Einleitung

Da die Alkalien ein wesentliches Charakteristikum der Silikate darstellen und ihre Bestimmung nur in wenigen Fällen unterbleiben darf, war es erforderlich, auch diesen Teil der Silikatanalyse zu beschleunigen. Zumeist wird zur Bestimmung der Alkalien in Gesteinen der Aufschluß nach LAWRENCE SMITH (s. W. F. HILLEBRAND & G. F. LUNDELL 1950, E. DITTLER 1933, J. JAKOB 1952) mit $CaCO_3$ und NH_4Cl oder auch der Aufschluß nach BERZELIUS mit Schwefelsäure und Flußsäure bzw. die modernere Form mit Flußsäure + Salpetersäure oder Perchlorsäure (F. HEGEMANN & B. PFAB 1953) durchgeführt. In beiden Fällen sind langwierige Fällungen, Filtrationen, Abdampfungen und Abrauchen erforderlich, um die Alkalien insgesamt auswägen zu können. Daran schließt sich noch die Bestimmung des Kaliums an. Komplizierter wird das Verfahren, wenn außerdem Lithium zu bestimmen ist. Dem Aufschluß nach SMITH wird in der Literatur der Silikatanalyse der Vorzug gegeben, weil sich neben den Alkalien nur noch Calciumionen in der Lösung befinden, während nach dem Flußsäureaufschluß außer SiO_2 alle Komponenten des Silikates in der Aufschlußlösung vorliegen — vorausgesetzt, daß das Material mit Flußsäure aufzuschließen ist, was aber nicht immer zutrifft. Das im folgenden beschriebene „Kurzverfahren" sollte generell für die Alkalibestimmung in den verschiedensten Gesteinen und Mineralien anwendbar sein.

[1]) Vorgetragen beim Erfahrungsaustausch der Chemiker der Staatlichen Geologischen Kommission im November 1960 in Freiberg. – Eingang des Manuskripts in der Redaktion: 25. 10. 1961

[2]) Für die Ausführung der Versuche sei Frau W. LEMKE gedankt.

2. Das Kurzverfahren zur Bestimmung der Alkalien

Bei dem neu ausgearbeiteten Kurzverfahren wird der klassische und international gebräuchliche Aufschluß mit $CaCO_3$ und NH_4Cl nach LAWRENCE SMITH beibehalten, weil sich viele Mineralien mit Flußsäure und einer weiteren Säure (H_2SO_4 oder HNO_3 oder $HClO_4$) nicht aufschließen lassen[2]).

2.1 Ausführung

Der Aufschluß der Proben — je 0,5 g Einwaage, die mit 0,5 g NH_4Cl und 4 g $CaCO_3$ verrieben werden — sowie eines Blindansatzes mit den gleichen Mengen $CaCO_3$ und NH_4Cl erfolgen in Nickel- oder Platintiegeln im elektrischen Ofen. Er beginnt und verbleibt 20 min bei 460°, und nach Erreichen von 760° wird 40 min bei dieser Temperatur erhitzt. Quarztiegel sind für das Aufschließen ebenfalls geeignet, vermutlich auch Eisentiegel.

Der wäßrige Auszug der Aufschlüsse wird durch mittlere Filter in 500-ml-Maßkolben filtriert und wie üblich mit heißem Wasser gewaschen. Die Maßkolben mit dem wäßrigen Auszug werden nun zur Fällung des in Lösung gegangenen Calciums auf ca. 90° erhitzt, mit 1 g fester Oxalsäure versetzt und die überschüssige Oxalsäure mit festem MgO neutralisiert, bis Methylorange nach Gelb umgeschlagen ist.

Diese Fällung des Calciums ist nötig, da die Calciumionen, die in großer Menge (maximal ca. 400 mg Ca) in die Lösung gelangen, die flammenphotometrische Bestimmung von Na und K, vor allem aber von Lithium stören.

Nach dem Abkühlen füllt man mit Wasser auf und läßt über Nacht absitzen. Von der überstehenden Lösung wird ein Teil nach Filtration eines Vorlaufes ohne Konzentrationsänderung durch trockene Trichter und Filter (mittlere) in trockene Maßkolben von 200—250 ml Volumen filtriert und mit 1—2 Tropfen konz. HCl angesäuert. Zur Ermittlung eines Blindwertes durchläuft eine Blindanalyse (s. o.) gleichzeitig den gesamten Analysengang.

2.2 Die flammenphotometrische Bestimmung der Alkalien

Die filtrierten Lösungen werden mit dem Flammenphotometer vom VEB Carl Zeiss Jena, Modell II, unter Benutzung von Metallinterferenzfiltern gemessen.

2.21 Die Auswertung nach dem Rahmenverfahren (A. SCHINKMANN 1951)

Zunächst werden mit Natrium- und mit Kaliumlösungen, die je 300 mg MgO und 200 mg Oxalsäure ($H_2C_2O_4$) enthalten, Eichkurven für Natrium und für Kalium aufgenommen, und zwar wird mehrmals, nach Einfüllen neuer Lösung, gemessen, und aus dem Mittelwert der Ablesungen werden die Kurven gezeichnet. Mit Hilfe dieser Eichkurven werden nun die mit dem Flammenphotometer gemessenen Probelösungen roh ausgewertet.

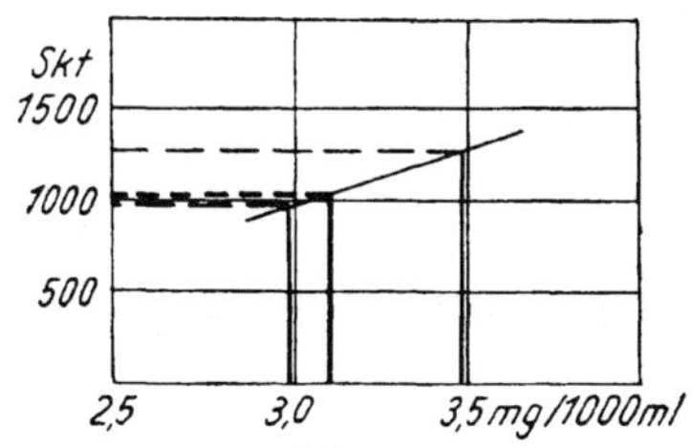

Graphische Auswertung nach dem Rahmenverfahren

Die aus der Natrium- und aus der Kaliumkurve ermittelten groben Na- und K-Gehalte werden dann eineingerahmt (A. SCHINKMANN 1951, G. WEHNER & W. BUNGE 1953), indem Na- und K-Lösungen, je 300 mg MgO und 200 mg Oxalsäure enthaltend, mit höheren (obere Rahmenlösung) und mit niedrigeren Na- und K-Gehalten (untere Rahmenlösung) als der ermittelte Rohgehalt der Probelösung gemessen werden. Danach wird die zwischen beiden Rahmenlösungen liegende Analysenlösung noch einmal gemessen.

Nach D. JENTSCH & G. JAKOB (1955) erfolgt die Auswertung graphisch, wie in der Abb. dargestellt. Auf der Ordinate werden die Skalenteile der oberen und unteren Rahmenlösung, auf der Abszisse die zugehörigen mg Na_2O bzw. K_2O eingetragen und verbunden. Auf dieser Verbindungslinie wird der Meßwert (Skalenteile) der Analysenlösung fixiert und von diesem Punkt aus die mg Na_2O bzw. K_2O der Analysenlösung abgelesen.

Auch für die Bestimmung von Lithium werden die Li-Eichkurven (drei Einzelkurven ergeben die Mittelwertskurve), die Messungen und Auswertungen der Analysenlösungen entsprechend den obengeschilderten Arbeitsgängen durchgeführt.

2.22 Die Auswertung mit Na-, K-(Li-)Eichkurven

Die Auswertung der Analysenmeßwerte kann aber auch durch sofortiges Aufsuchen der in den Analysenlösungen für Natrium bzw. Kalium (bzw. Lithium) gemessenen Skalenteile auf den für Na + K (+ Li), für K + Na (+ Li) und für Li + Na + K aufgestellten Eichkurven erfolgen. Bei der Bestimmung des Na wird mit dem Natriumfilter, bei der Bestimmung des K mit dem Kaliumfilter, bei Li entsprechend mit dem Lithiumfilter gemessen.

Bei Anwendung dieses Auswertungsverfahrens werden in die zu messenden Analysengruppen stets einige der Eichlösungen zur Überprüfung der Kurven eingereiht und auf Na und K (Li) ausgewertet. Liegen die erhaltenen Werte nicht auf der Eichkurve, ist nach diesen neuen Werten die Kurve zu zeichnen oder bei einer konstanten Abweichung ein Faktor aus dem Soll- und dem Ist-Wert zu interpolieren, mit dem die mg-Ablesungen aus den Eichkurven zu multiplizieren sind, um richtige Werte zu erhalten. Dieses Verfahren zur Auswertung der flammenphotometrischen Messungen entspricht etwa der TGL für feuerfeste Baustoffe, Nr. 9339/258, und dem Verfahren von G. WEHNER & W. BUNGE (1953), nach dem ähnlich zusammengesetzte Lösungen nur einmal einzurahmen bzw. am Anfang, am Ende und in der Mitte der Meßreihen Rahmenlösungen zu messen sind.

In ähnlicher Weise arbeiten F. HEGEMANN & B. PHAB (1933) unter Benutzung nur einer Bezugslösung. Die Rahmenlösungen werden entsprechend den Alkaligehalten der Gesteine zusammengesetzt.

Das unter 2.21 beschriebene Auswertungsverfahren vereinigt die Erfahrungen von A. SCHINKMANN (1951), G. WEHNER & W. BUNGE (1953) sowie die von D. JENTSCH & G. JAKOB (1955) und von F. HEGEMANN & O. OSTERRIED (1960).

2.3 Kontrollbestimmung des Kaliums mit Kalignost

Kalium kann zur Kontrolle leicht aus der Mg-haltigen Lösung mit Kalignost (H. KOHLER 1953, H. W. BERKHOUT 1953) gefällt werden. 200 ml von den aufgefüllten 500 ml werden mit 4 ml HCl 1:1 auf eine Acidität von 0,1 n HCl gebracht. Unter Umrühren wird eine dem flammenphotometrisch gefundenen K_2O-Gehalt entsprechende Menge 3,4%ige Kalignostlösung zugesetzt. Die erforderliche Menge ist aus Tab. 1 ersichtlich. Den Niederschlag von Kaliumtetraphenyloborat läßt man unter Umrühren 15 min möglichst kühl stehen und saugt ihn dann durch Filtertiegel G 4 ab, wäscht zunächst mit salzsaurem Wasser (1 ml HCl 1:1 und 10 ml 3,4%ige Kalignostlösung auf 200 ml Wasser) schließlich dreimal mit wenig Wasser, um anhängendes Kalignost zu verdrängen. Der Niederschlag wird vor dem Wägen mindestens 60 min bei 105° getrocknet.

Mit dem Faktor 0,13144 (lg = 0,11872—1) wird auf K_2O umgerechnet. Die flammenphotometrisch ermittelten K_2O-Werte stimmen mit den Kontrollwerten aus der Fällung mit Kalignost gut überein.

Tab. 1. Werte für den Zusatz von Kalignost

mg	K_2O %	mg Kalignost theoretischer Verbrauch	ml Kalignost 3,4%ig theoretischer Verbrauch	auf 100 ml Volumen ml Kalignost	auf 200 ml Volumen + Überschuß
1	0,2	7,3	0,22	6,5	13,0
10	2,0	73,0	2,20	8,5	15,0
20	4,0	146,0	4,40	10,5	17,0
30	6,0	219,0	6,60	13,0	19,0
40	8,0	292,0	8,80	15,0	21,0
50	10,0	365,0	11,00	17,0	22,0

Tab. 2. Vergleich der Ergebnisse der verschiedenen Methoden zur Alkalibestimmung

Proben-Nr.	% Na_2O Soll	% Na_2O gefunden Diff.[1])	% Na_2O gefunden fl.-ph[2])	% K_2O Soll	% K_2O gefunden fl.-ph[2])	% K_2O gefunden +K-gnost[3])	+ $KClO_4$[4])
I	3,0	3,1	2,5	1,3	1,0	1,2	1,2
II	3,1	3,1	3,1	2,1	1,9	2,1	
III	5,1	5,2	5,0	3,5	3,4	3,7	3,7
337		3,2	3,3			2,7	2,7
2410		1,9	1,8		0,4	0,3	0,3

[1]) Diff.: nach dem klassischen Verfahren aus der Differenz (Σ Chloride-KCl = NaCl) bestimmt.
[2]) fl.-ph: flammenphotometrisch nach dem Kurzverfahren bestimmt.
[3]) K-gnost: mit Kalignost im Kurzverfahren bestimmt.
[4]) $KClO_4$: mit $HClO_4$ im klassischen Verfahren bestimmt.
I–III – Synthetische Standardproben; 2410, 337 – Analysen-Standardproben.

Die Kalignostlösung ist vor Gebrauch durch Schütteln mit Al_2O_3 (H. KOHLER 1953) und Filtrieren von der auftretenden Trübung zu befreien. Das Fällungsmittel sowie die zu fällenden Lösungen müssen möglichst kühl gehalten werden, da man sonst infolge Zersetzungsprodukten des Kalignosts leicht Überwerte erhält.

Der Überschuß an Kalignost ergibt eine 0,2%ige Kalignostlösung. Nach diesem Verfahren werden sowohl neben Mg- (H. W. BERKHOUT 1952) als auch neben Ca-Ionen gute Werte bestimmt, wie die Untersuchung von synthetischen und von Standardproben verschiedener Art zeigte (Tab. 2).

Zusammenfassung

Verf. beschreibt ein Schnellverfahren, das von dem klassischen Aufschluß mit Ammoniumchlorid und Calciumkarbonat ausgeht. Die zeitraubenden Fällungen, Abdampfungen sowie das mehrfache Abrauchen der Ammoniumsalze entfallen. Das störende Calcium wird gefällt, aber nicht filtriert. Die pH-Wert-Einstellung zur vollständigen Fällung wird durch Neutralisation mit MgO vorgenommen. Die Bestimmung der Alkalien erfolgt flammenphotometrisch unter Benutzung von Rahmenlösungen.

Резюме

Автор описывает экспрессный метод, исходя из классического разложения с хлористым аммонием и углекислым кальцием. Трудоемкие осажденния и выпаривания, а также неоднократное удаление аммониевых солей отпадают. Мешающий кальций осаждаетя, но не отфильтруется. Установка значения pH для полного осаждения производится путем нейтрализации с MgO. Определение щелочей осуществляется методом пламенной фотометрии с использованием эталонных растворов.

Summary

A rapid method is described which proceeds from the classical dissolution using ammonium chloride and calcium carbonate, and obviates the wearisome precipitations, evaporations and multiple fuming of ammonium salts. Calcium which disturbs is precipitated, but not filtered. The pH value adjustment for complete precipitation is made by neutralization with MgO. The alkalis are determined by flame photometry using frame solutions.

Literatur

BERKHOUT, H. W.: Die Bestimmung von Kalium mit Natriumtetraphenyloborat. – Z. anal. Ch., **140**, S. 61 (1953), Ref. aus Chem. Weekbl. 1952, S. 909.
DITTLER, E.: Gesteinsanalytisches Praktikum. – Verl. de Gruyter, Berlin und Leipzig 1933, S. 35.
HEGEMANN, F. & O. OSTERRIED: Die Bestimmung von Natrium und Kalium in Gläsern mit dem Zeiß'schen Filterflammenphotometer. – Glastechn. Ber., **33**, S. 201 (1960).
HEGEMANN, F. & B. PFAB: Ein Verfahren zur genauen Bestimmung von Natrium und Kalium mit dem Zeiß'schen Flammenphotometer. – Glastechn. Ber., **26**, S. 238 (1953).
– Die flammenphotometrische Bestimmung von Natrium und Kalium im Kalk-Natronglas. – Glastechn. Ber., **28**, S. 85 (1955).
HILLEBRAND, W. F. & G. F. LUNDELL: Applied inorganic analysis. – 11. Aufl., J. Wiley & Sons, New York 1950, S. 788.
JAKOB, J.: Chemische Analyse der Gesteine und silikatischen Mineralien. – Verlag Birkhäuser, Basel 1952, S. 76.
JENTSCH, D. & G. JAKOB: Die Anwendung des Flammenphotometers zur Bestimmung von Lithium, Natrium und Kalium in Alkalisalzen und hochkonzentrierten Alkalilösungen. – Chem. Techn., **7**, S. 93 (1955).
KOHLER, H.: Die Bestimmung von Kalium und Ammonium mit Tetraphenylbornatrium in mineralsaurer Lösung und die Bestimmung beider Ionen in einem Arbeitsgang. – Z. anal. Ch., **138**, S. 8, (1953).
SCHINKMANN, A.: Das Flammenphotometer im Dienste der Keramik. – Silikattechnik, **2**, S. 163 (1951).
SYKES, P. W.: Untersuchungen der gebräuchlichen Methoden zur Lithiumbestimmung in Erzen. – Z. anal. Ch., **156**, S. 60 (1957); Ref. aus Analyst., **81**, S. 283 (1956).
TANANAJEW, N. A. & A. E. BABKO: Ukrain. chem. J., wiss. Teil, **4**, S. 539 (1929).
WEHNER, G. & W. BUNGE: Erfahrungen bei der flammenphotometrischen Analyse einiger technisch wichtiger Alkali- und Erdalkaliverbindungen. – Chem. Techn., **5**, S. 251 (1953).

Geologie und Fernstudium

RUDOLF HOHL, Halle (Saale)

Der nachfolgende Artikel von R. HOHL behandelt das sehr wichtige Problem der persönlichen Qualifizierung und Weiterbildung für Geologen. Insbesondere geht dies die Geologie-Ingenieure an. Zu diesem Thema ist viel zu sagen. Daher soll diese Arbeit den Auftakt zu einer Diskussion geben. Die Fachkollegen werden höflich um die Darlegung ihrer Meinung gebeten.

Die Chefredaktion

In Heft 2/61 dieser Zeitschrift (S. 97) bemerkt E. SCHLEGEL in einer Besprechung zu G. VIETE, O. WAGENBRETH, R. HUNGER & H. REICHERT, Geologie, Bd. 1, Allgemeine Geologie I, 2. Aufl., Bergakademie Freiberg 1960 (Lehrbriefe der Hauptabt. Fernstudium der Bergakademie in Buchform), daß sich die Lehrbriefe bewährt und zahlreichen Fernstudenten aus bergbautreibenden Berufen als Grundlage für das „Studium der Geologie im Nebenfach" gedient haben. Er schließt seine Rezension mit den Sätzen: „Zu bedauern ist, daß die Verfasser trotz guter Erfahrungen mit ihren Lehrbriefen ein Fernstudium der Geologie als Hauptfach ablehnen. Eine ausgewogene und sinnvolle Kombination von Fern- und Direktstudium würde sehr vielen bereits in der geologischen Praxis tätigen Kollegen Anreiz und Möglichkeit bieten, sich zum Diplom-Geologen zu qualifizieren. Das besprochene Lehrwerk könnte auch dafür als gute Grundlage dienen."

Verf. hat sich bereits früher zu Fragen der Nachwuchsausbildung geäußert (HOHL 1957 u. 1959), an mehreren Beratungen über dieses Problem teilgenommen und auch der „Zwickau-Kommission" angehört, die sich mit dem Ausbildungsziel, dem Berufsbild und einem Lehrplan für Geologie-Ingenieure an der Bergbauingenieurschule „Georgius Agricola" in Zwickau befaßte. Auch hat sich der Wissenschaftliche Beirat Geologie des Staatssekretariats für das Hoch- und Fachschulwesen mehrfach ausführlich mit der Frage eines Fernstudiums der Geologie abgegeben. Verf. stimmt E. SCHLEGEL zu, wenn er ein kombiniertes Studium befürwortet, wenn auch näher zu erörtern wäre, was er darunter versteht. Ein reines Fernstudium für Diplom-Geologen, wie es z. B. für technische Fächer an der Bergakademie Freiberg, an der Technischen Universität Dresden, auch für Ökonomen und andere Fachkräfte an weiteren Hochschulen schon seit Jahren mit gutem Erfolg durchgeführt wird, kommt für Geologen nicht in Betracht und ist deshalb vom Wissenschaftlichen Beirat Geologie abgelehnt worden.

Die Voraussetzungen für das Fernstudium sind in den einzelnen Fächern unterschiedlich. Unsere Wissenschaft nimmt unter den Naturwissenschaften eine besondere Stellung ein, weil sie als Erdgeschichtsforschung sowohl die organische als auch die anorganische Seite zu berücksichtigen hat. Daher gehören zur Ausbildung nicht nur Praktika an Sammlungsmaterial und Karten, sondern vor allem Übungen im Gelände und Exkursionen. Diese sind im Rahmen eines Fernstudiums, selbst wenn man die Studierenden in jedem Semester für einige Wochen am Hochschulort zusammenzieht, auch gelegentlich Exkursionen am Wochenende vorsieht, nicht durchführbar. Wir erleben doch schon beim Direktstudium, daß eine noch stärkere Tätigkeit und Ausbildung unmittelbar an den Objekten im Interesse einer Vertiefung der Ausbildung wünschenswert wäre. Wie will man mit Fernstudenten beispielsweise eine große Sommerexkursion von 14 Tagen, vier Wochen Kartierungspraktikum, Befahrungen von Betrieben, praktische Übungen im Pflanzenbestimmen in der Natur, Übungen zur Hydro- und Ingenieurgeologie, physikalische und chemische Praktika usw. durchführen und davon einen großen Teil alljährlich? Die lebendige Anschauung, das Erarbeiten des Wissens im Studium der Natur selbst führt erst zu der Fähigkeit, bestimmte geologische Tatsachen beurteilen und auswerten zu können.

Besonders aber eignet sich hierfür die geologische Kartierung, die K. v. BÜLOW (1955) mit Recht als Grundlage und Ziel jeder geologischen Arbeit und jeder Nachwuchsausbildung bezeichnet hat. Diese wenigen Beispiele zeigen, warum ein Fernstudium der Geologie unzweckmäßig ist, will man nicht die heutige Ausbildung auf breiter Basis aufgeben, von der aus man zweckmäßig ins Spezielle baut. Von vornherein Spezialisten ohne den nötigen wissenschaftlichen Unterbau zu entwickeln, würde unserer Auffassung vom Hochschulstudium widersprechen.

Die ständig wachsenden Aufgaben der Geologie in der Lagerstättenerkundung, bei der Errichtung von Talsperren und anderen Bauwerken, beim Nachweis von Grundwasser, bei der Kippenrekultivierung in Bergbaugebieten usw. machen es aber nötig, Mittel und Wege zu suchen, um neben dem normalen Geologiestudium, unter Beachtung des Beschlusses des 9. Plenums des ZK der SED, geeigneten Kräften ein verkürztes Studium zu ermöglichen. Mit dieser Frage hat sich der Wissenschaftliche Beirat Geologie befaßt. Verf. wurde beauftragt, die Frage der Einführung eines kombinierten Studiums der Geologie an der Martin-Luther-Universität Halle-Wittenberg zu prüfen und den Entwurf eines Studienplanes auszuarbeiten. Er wurde im Herbst 1960 dem Staatssekretariat für das Hoch- und Fachschulwesen vorgelegt.

Bei Anerkennung des Direktstudiums als normalem Studienweg muß doch zugegeben werden, daß es junge Menschen gibt, die sich gute geologische Kenntnisse auf Lehrgängen und in Fachschulen (Bergingenieurschule „Georgius Agricola“ in Zwickau) sowie im beruflichen Einsatz und durch Selbststudium erworben haben.

Eine Qualifizierung dieser überdurchschnittlich wissenschaftlich Befähigten liegt im Interesse der Volkswirtschaft. Die Besten dieser Ingenieure und technischen Fachkräfte besitzen mitunter gute Grundlagenkenntnisse und dazu bereits mannigfache Erfahrungen, die einem Fachstudium zugute kommen. Ein kombiniertes Studium scheint für solche Bewerber ganz besonders geeignet, die die Bergbauingenieurschule in Zwickau mit einem sehr guten Zeugnis absolviert und sich anschließend in einem Betrieb oder einer Dienststelle längere Zeit bei der praktischen Arbeit hinreichend bewährt haben. Dies kam auch im Berufsbild der Geologie-Ingenieure (diese Zeitschrift, 1960, S. 129–130) unter Ziffer 1 zum Ausdruck. Damit ist bereits gesagt, daß ein kombiniertes Studium die Ausnahme und nicht die Regel bilden sollte.

Wenn auch die Hauptaufgabe des Geologie-Ingenieurs die operative Arbeit ist, wird er in enger Zusammenarbeit mit Diplom-Geologen an die wissenschaftliche Auswertung, für die er die Voraussetzung schafft, herangeführt und dringt tiefer in die Probleme ein, so daß die fähigsten Geologie-Ingenieure durchaus für ein verkürztes Hochschulstudium geeignet erscheinen. Der Zwickauer Lehrplan beinhaltet einen erheblichen Teil des Hochschullehrplans, wenn auch naturgemäß auf anderer Ebene. Teilweise geht er darüber hinaus (Geodäsie, Aufbereitung, Betriebsökonomie). Andererseits aber werden gerade die wichtigsten Grundwissenschaften (Physik, Chemie) im Vergleich mit den Hochschulen nur unzureichend gelehrt oder sind (Botanik, Zoologie) überhaupt nicht vertreten. Eine Ingenieurschule bildet eben Ingenieure, d. h. wissenschaftlich gebildete Techniker, aus und keine Naturwissenschaftler. Die sehr unterschiedliche Vorbildung der Zwickauer Fachschüler erschwert den Lehrbetrieb zudem außerordentlich. Man muß bei einem kombinierten Studium fordern, daß nicht Menschen zum Hochschulstudium gelangen, die ihr späteres Diplomexamen nur mit Mühe schlecht und recht bestehen und dann zwar den entsprechenden Titel tragen, fachlich aber keine Wissenschaftler geworden sind. Geologie-Ingenieur und Diplom-Geologe sind andersartige Berufe. Diese Begriffe enthalten keinerlei Werturteile (HOHL 1959). Es ist nicht wünschenswert, daß eine große Anzahl von Ingenieuren zum zusätzlichen Hochschulstudium kommt, weil operativ arbeitende Ingenieure in großer Zahl benötigt werden. Es darf nicht der Fall eintreten, daß es an solchen Kräften mangelt.

Grundsätzlich sollte im Falle einer solchen Qualifizierung ein zusätzliches dreijähriges direktes Hochschulstudium ausreichen, so daß sich, zusammen mit der drei Jahre umfassenden Ausbildung in Zwickau insgesamt sechs Jahre ergeben. Das ist also nur ein Studienjahr mehr als beim Direktstudium. Diese Zeit erscheint ausreichend.

Die ersten beiden Studienjahre entsprechen dem 3. und 4. Studienjahr des Direktstudiums. Außerdem muß aber eine ganze Reihe Lehrveranstaltungen nachgeholt werden, z. B. Chemie, Botanik u. a. m. Im 5. Studienjahr soll im wesentlichen die Diplomarbeit angefertigt werden. Die besonderen Kenntnisse und Wünsche des Diplomanden und des ihn delegierenden Betriebes finden dabei weitgehend Berücksichtigung. Wo es möglich ist, sollte der Bewerber schon vor Beginn seines Direktstudiums versuchen, an einigen Vorlesungen oder Übungen als Gasthörer teilzunehmen.

Es besteht die Möglichkeit, daß sich bei einzelnen Geologie-Ingenieuren gewisse Verschiebungen im Lehrstoff ergeben können und daß gegebenenfalls ein etwas abgewandelter, individueller Studienplan nach Übereinkunft zwischen Student und Dozent entwickelt werden muß. Ähnlich kann verfahren werden, wenn es sich um Kader handelt, die nicht in Zwickau ausgebildet worden sind, sondern sich auf andere Weise entsprechend qualifizierten.

Die Frage der Stipendiengewährung für junge Menschen, die bereits in der Praxis gestanden und dort gut verdient haben, kann hier nicht erörtert werden. Nur soviel sei gesagt: Wer vorwärts kommen, wer sich zum Diplom-Geologen qualifizieren will, muß auch bereit sein, gewisse Opfer zu bringen, nicht nur in zeitlicher Hinsicht.

Literatur

BÜLOW, K. v.: Geologisch Kartieren – Grundlage und Ziel der Nachwuchsbildung. – Z. angew. Geologie, 1, S. 129–139, Berlin 1955.

DAHLEM, F.: Über einige alte und neue Kaderprobleme. – Das Hochschulwesen, 8, H. 9, S. 391–404, Berlin 1960.

HOHL, R.: Zur Frage der Nachwuchsbildung. – Z. angew. Geol., 3, S. 108 bis 112, Berlin 1957.

– Zur Ausbildung der Geologieingenieure. – Z. angew. Geol., 5, S. 84–86, Berlin 1959.

– Entwurf über die Möglichkeit der Einführung eines kombinierten Studiums der Geologie an der Martin-Luther-Universität Halle-Wittenberg. – Unveröff. Manuskript, Arch. Staatss. f. d. Hoch- und Fachschulwesen, 1960.

SCHLEGEL, E.: Besprechung zu VIETE, G., O. WAGENBRETH, R. HUNGER & H. REICHERT, Geologie, Bd. 1, Allgemeine Geologie I, 2. Aufl., Bergakademie Freiberg 1960 (Lehrbriefe der Hauptabt. Fernstudium der Bergakademie in Buchform). – Z. angew. Geol., 7, H. 2, S. 97, Berlin 1961.

Studienplan Nr. 8 für die Fachrichtung Geologie des Staatssekretariats für das Hoch- und Fachschulwesen vom 1. 9. 1956.

Zur Frage des Fernstudiums in der Geologie

WALTER WAMSER, Berlin

Das in dem vorstehenden Artikel von Prof. Dr. HOHL erneut aufgeworfene Problem eines Fernstudiums für Geologen wird schon seit mehreren Jahren in Fachkreisen diskutiert. Die Ursache hierfür ist einmal der immer noch spürbare Mangel an Hochschulkadern, der nach neuen Formen einer zusätzlichen Ausbildung suchen läßt. Aber auch das ansteigende Bedürfnis unserer praktisch tätigen mittleren Geologenkader und der geologischen Hilfskräfte, sich als Diplom-Geologen zu qualifizieren, um den erhöhten Anforderungen der geologischen Erkundung und Forschung gerecht zu werden, spielt hierbei eine große Rolle.

Ich stimme mit der Auffassung des Beirates für Geologie beim Staatssekretariat für das Hoch- und Fachschulwesen der DDR überein, daß das Fernstudium nicht der Normalfall geologischer Ausbildung sein kann und daß selbst das Direktstudium, wesentlich vertieft, den wachsenden Erfordernissen der geologischen Praxis angeglichen werden muß. Jedoch ist mit dieser Feststellung allein das Kaderproblem nicht gelöst.

Es ist deshalb zu begrüßen, daß Prof. Dr. HOHL im Auftrag des Staatssekretariats nach neuen Wegen sucht, wie sich eine Reihe von Geologie-Ingenieuren und andere in der geologischen Praxis erfahrene Menschen beruflich weiterqualifizieren können.

Meines Erachtens gibt es z. Z. für diesen Personenkreis nur die Möglichkeit, das Diplom als Externe zu erwerben. Das heißt, die Studenten sind im wesentlichen auf sich selbst gestellt. Ein solcher Weg ist aber nur für wenige gangbar. Er erfordert ein hohes Maß an Energie, Fleiß, Eigeninitiative und Zeit. Wer das Diplom auf diese Weise erwirbt, hat eine hervorragende persönliche Leistung vollbracht.

Es ist jedoch ein Prinzip unseres sozialistischen Staates, die Qualifizierung der Werktätigen nicht dem Einzelnen selbst zu überlassen, sondern die Bemühungen des Einzelnen in jeder Weise zu fördern und sein Vorwärtskommen zu erleichtern. Das ist nicht gleichbedeutend mit einer Senkung des Ausbildungsniveaus, sondern heißt, den Weg zur Qualifizierung zu ebnen und die entsprechenden Voraussetzungen zu schaffen.

Ein kombiniertes Fernstudium für langjährig in der geologischen Praxis erfahrene Kollegen wäre zweifellos ein Fortschritt in diesem Bemühen. Der Vorschlag, den Geologie-Ingenieur durch ein dreijähriges Direktstudium zum Diplom zu führen, ist jedoch mit einigen Mängeln behaftet, durch die seine Realisierung nicht sinnvoll wird. Einmal werden langjährig in der Praxis tätige Geologie-Ingenieure nur in Ausnahmefällen bereit sein, ihr Einkommen mit einem Stipendium zu vertauschen, zumal, wenn sie Familie haben. Zum anderen kann sich ein solches Direktstudium auch nachteilig für den Betrieb auswirken, da für einen Zeitraum von drei Jahren auf die Mitarbeit einer wertvollen Arbeitskraft verzichtet werden muß. Bei dem vorhandenen Mangel an Kadern erscheint dieser Weg deshalb für die Mehrzahl der Kader nicht gangbar.

Der Sinn des kombinierten Studiums kann daher nur darin bestehen, den in den Betrieben beschäftigten Werktätigen eine Qualifikation mit Hilfe des Fernstudiums zu ermöglichen, selbstredend einschließlich der erforderlichen Konsultationen, Institutspraktika und Prüfungen an der Hochschule. Allein diese Form des Studiums bietet entscheidende Vorteile:

1. Dem Bedürfnis und der Notwendigkeit einer Qualifizierung wird entsprochen,
2. die Arbeitskraft des Werktätigen bleibt im Betrieb wirksam,
3. der Fernstudent kann bei gleichbleibender Entlohnung seinen materiellen Verpflichtungen nachkommen.

Man könnte dieser Form der Ausbildung entgegenhalten, daß praktische Kenntnisse in Verbindung mit dem Lehrstoff nicht mit solcher Gründlichkeit und in so umfassender Weise vermittelt werden können, wie dies im Direktstudium möglich ist. Aber dieses Argument wird dadurch entkräftet, daß eine solche Form des Fernstudiums nur für in der Praxis erfahrene Geologie-Ingenieure in Frage kommt, die alle Voraussetzungen mitbringen, das gesteckte Ziel zu erreichen.

Im Gegensatz zu Prof. Dr. HOHL bin ich der Ansicht, daß es sich in erster Linie nicht darum handelt, Wissenschaftler auszubilden, sondern Diplom-Geologen, die über ausreichende wissenschaftliche Kenntnisse verfügen, um die geologische Arbeit erfolgreich zu leiten und durchzuführen. Der Weg zum Wissenschaftler ist in jedem Fall nur denjenigen vorbehalten, die nach Abschluß des Diploms auf der Grundlage der erworbenen Befähigung zum wissenschaftlichen Arbeiten diesen speziellen Weg durch persönliche Neigung und Eignung beschreiten wollen. Das Prädikat „Wissenschaftler“ wird nicht durch das Diplom verliehen, sondern bedarf der Anerkennung eigener wissenschaftlicher Leistungen in der Hochschullaufbahn oder im Betrieb.

Deshalb halte ich die Einrichtung eines Fernstudiums für Geologie-Ingenieure mit gründlicher Ausbildung in der Praxis und mit entsprechender Vorbildung für zweckmäßig.

Inwieweit die Einrichtung eines solchen Fernstudiums an einer Hochschule unserer Republik möglich und ökonomisch vertretbar ist, wird natürlich nicht zuletzt von der Anzahl der Bewerber für dieses Fernstudium abhängig sein.

Zur Geologie Westspitzbergens

Bericht über die Exkursion nach Spitzbergen (Norwegen) anläßlich des XXI. Internationalen Geologenkongresses

WERNER NÖLDEKE, Berlin

Anläßlich des XXI. Internationalen Geologenkongresses wurde vom 29. 7.—14. 8. 1960 eine Exkursion nach Spitzbergen durchgeführt. Teilnehmer waren 36 Geologen aus 16 Staaten.

Die Leitung lag in den Händen von Prof. Dr. A. HEINTZ[1]) vom Paläontologischen Museum und Dr. Th. WINSNES vom Norsk Polarinstitutt Oslo. Die Exkursionsleitung hatte es sich zur Aufgabe gemacht, in einem Querschnitt durch die vorkaledonische metamorphe Hecla-Hoek-Serie und die nachkaledonische Folge einen Überblick über den geologischen Aufbau Westspitzbergens zu geben. Dabei wurde besonders das Gebiet um den Hornsund und den Eisfjord befahren.

Der geologische Aufbau Spitzbergens ist relativ unkompliziert. Es lassen sich die vorkaledonische Hecla-Hoek-Serie (im folg. HH-Serie genannt) und die nachkaledonische, nicht näher bezeichnete Serie unterscheiden. Beide sind durch die kaledonische Faltung voneinander getrennt und unterscheiden sich, abgesehen von ihrem unterschiedlichen petrographischen Aufbau, im Grad ihrer Metamorphose.

Die HH-Serie umfaßt proterozoische, eokambrische und ordovizische Schichten (Tab. 1). Sie wurden kaledonisch stark gefaltet, metamorphosiert und von Magmen durchdrungen. Heute bilden sie den Rand der Westküste Spitzbergens und damit zugleich den Westrand der großen, mit jüngeren Sedimenten angefüllten Zentralmulde. Weiterhin ist sie im Norden und Nordostland weit verbreitet.

Die nachkaledonische Schichtenfolge umfaßt die Ablagerungen vom Devon bis zur Kreide (Tab. 2). Sie liegt, entsprechend alpidisch-germanotyper Beanspruchung schwach geneigt, diskordant auf der HH-Serie. Die geologische Karte (Abb.1) läßt deutlich die große Zentralmulde erkennen, wobei die älteren Schichten im Norden und die jüngeren im Süden auftreten. Als jüngste Formation lagerte sich noch das Tertiär ab. Die Ost- und Westbegrenzungen werden durch Störungen gebildet.

Die Exkursion folgte etwa der Stratigraphie und begann mit den im Hornsund auftretenden Schichten der metamorphen Serie. In diesem Gebiet arbeitete im Rahmen der Internationalen Geophysikalischen Jahre 1957/58 sowie in den Jahren 1959 und 1960 eine von der Polnischen Akademie der Wissenschaften ausgerüstete Expedition. Sie führte ihre Arbeiten im Anschluß an die Anfang der 30er Jahre von dem polnischen Geologen ROZICKY durchgeführte Kartierung des NW-Zentralteiles von Torell-Land aus. Zusammen mit einer Kartierung zur Klärung der Stratigraphie und Tektonik der HH-Serie waren geomorphologische, glaziologische, periglaziale, meteorologische und botanische Untersuchungen durchzuführen. Der Besuch dieser Expedition war einer der Höhepunkte der Exkursion.

Zunächst erfolgte bei einer Besichtigung der Station eine Einführung in die Geologie des Hornsundgebietes. Dabei wurden die neue geologische Übersichtskarte 1:50000, Spezialkarten 1:10000, eine Gesteinssammlung sowie die in enger Zusammenarbeit mit norwegischen Geologen vorgenommene Einteilung der HH-

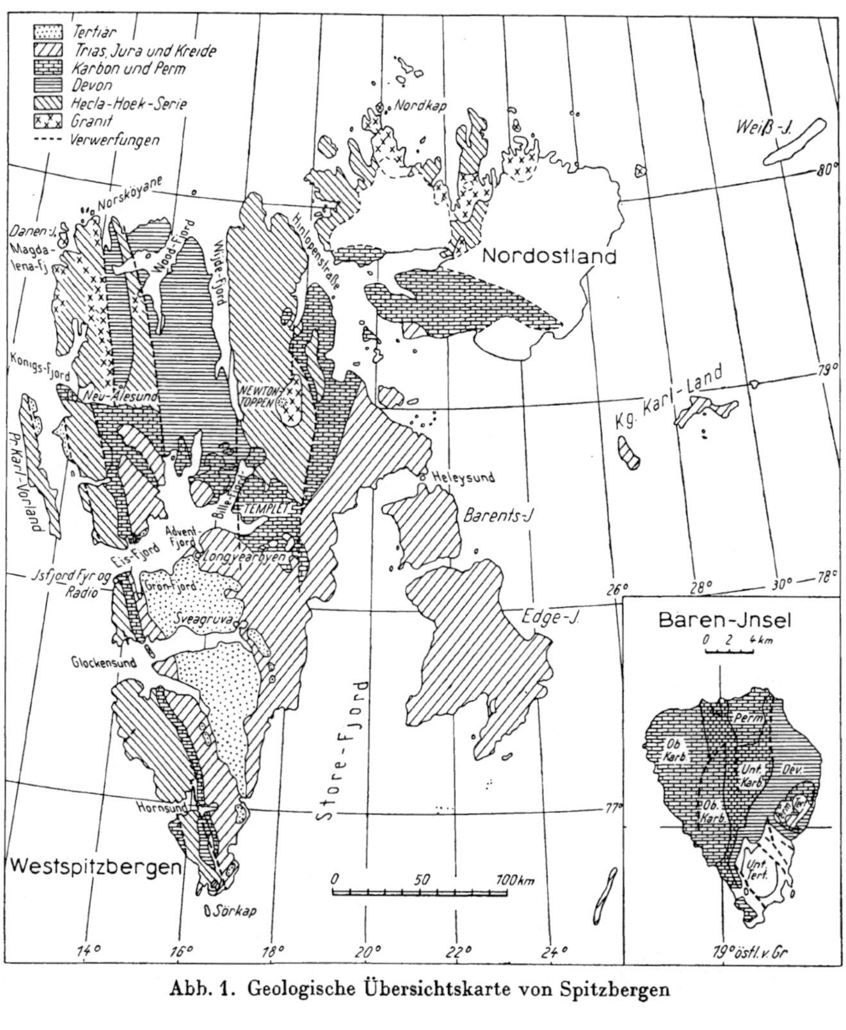

Abb. 1. Geologische Übersichtskarte von Spitzbergen

[1]) Herrn Prof. HEINTZ und seinen Assistenten muß große Anerkennung und Dank für die ausgezeichnete Organisation der Exkursion ausgesprochen werden.

Tab. 1. Stratigraphie der Hecla-Hoek-Schichtenfolge im Gebiet des Hornsundes (nach BIRKENMAJER 1960)

Formation	Serie
6. Sörkapp-Land-formation (Ordovizium) ca. 1700 m	h. Arkfjellet-Serie g. Sjanovfjellet-Serie f. Tsjebysjovfjellet-Kalkstein } Beekmantown-Gruppe e. Rasstupet-Kalkstein } Beekmantown-Gruppe d. Nigerbreen-Kalkstein } Beekmantown-Gruppe c. Dusken-Kalkstein b. Luciapynten-Dolomit a. Wiederfjellet-Quarzit
	[Schichtlücke und Winkel (?)-Diskordanz]
5. Sofiekammen-Formation (Kambrium) ca. 800 m	d. Nördstetinden-Serie (Unteres und Mittleres Kambrium?) c. Gnålberget-Marmor (Mittleres Kambrium?) b. Slakli-Serie b_2. Slakli-Kalkstein (Oberes Unterkambrium) b_1. Olenellus-Schiefer (Mittl. Unterkambrium) a. Blåstertoppen-Dolomit (Unteres Unterkambrium)
	(Schichtlücke oder Übergang)
4. Sofiebogen-Formation (Eokambrium-Proterozoikum) ca. 2500 m	c. Gåshamna-Serie (Eokambrium) b. Höferpynten-Serie (Eokambrium ?) (Schichtlücke) a. Slyngfjellet-Konglomerat (Proterozoikum)
	(Schichtlücke und Winkeldiskordanz)
3. Deilegga-Formation (Proterozoikum) ca. 3500 m	c. Obere b. Mittlere a. Untere
	(Schichtlücke)
2. Eimfjellet-Formation (Proterozoikum) ca. 1500 m	b_1. Skålfjellet-Serie, b_2. Vimsodden-Serie a. Gulliksenfjellet-Serie
	(Schichtlücke?)
1. Isbjörnhamna-Formation (Proterozoikum) ca. 1500 m	c. Revdalen-Serie b. Ariekammen-Serie a. Skoddefjell-Serie

Serie gezeigt und erläutert. Danach schlossen sich eindrucksvolle Begehungen mehrerer Aufschlüsse an. Die Leitung hatte der polnische Geologe Dr. BIRKENMAJER.

Der präkambrische Teil besteht — am Beispiel des Hornsundes erläutert — hauptsächlich aus granatführenden Glimmerschiefern, Phylliten mit Marmoreinlagerungen und Quarziten. Untergeordnet treten, besonders im oberen Teil, Dolomite und Kalksteine auf (z. B. Ariekammen- und Revdalen-Serie). Ein besonderes Charakteristikum sind die unter dem Begriff der Skålfjellet-Serie zusammengefaßten Para- und Orthoamphibolite sowie Granitisierungserscheinungen. Diese Serie besteht aus zwei Gliedern: In den unteren, ca. 100 m mächtigen sog. Stainvikskardet Beds überwiegen grünliche Schiefer mit Einlagerungen von hellen oder dunklen Quarziten mit grünlichen Amphiboliten. Die obere, 350—400 m mächtige Torbjörnsenfjellet-Serie setzt sich im wesentlichen aus Amphiboliten zusammen. Nach den durchgeführten petrographischen Untersuchungen handelt es sich um feinkörnige Epidot-, Epidot-Biotit- oder Biotitamphibolite. Eingelagert sind Hornblendeschiefer, Quarz-Feldspat-Hornblende-Glimmerschiefer, Epidot-, Epidot-Biotit- oder Biotitschiefer und helle Quarzite. Im oberen Teil wird die sog. Gangpasset-Granitisationszone (100 m) abgetrennt, die aus Chlorit-Serizit-Schiefern mit Porphyroblasten von dunkler Hornblende, Biotitschiefern, Epidot- und Zoisit-Amphiboliten und gabbroähnlichen Gesteinen besteht.

Der Hauptteil der Amphibolite der Skålfjellet-Serie wird für metamorphosierte, präkambrische submarine Ergüsse gehalten. Die Granitisation soll mit der ersten Phase der kaledonischen Orogenese oder einer älteren Phase in Verbindung stehen.

Eine fazielle Vertretung der Skålfjellet-Serie stellt die Vimsodden-Serie dar. Sie ist bedeutsam durch das Auffinden proterozoischer, mariner Tillite, der ältesten bisher bekannten Glazialablagerungen Spitzbergens. Diese Serie besteht aus Phylliten mit eingelagerten Amphiboliten und Kalksteinen. Die als marine Tillite angesprochenen Quarzitschiefer enthalten Quarzit-„Geschiebe".

Weitere Aufschlüsse waren am Fuß des Fannytoppen östl. des Hornbreengletschers im Slyngfjellet-Konglomerat zu sehen. Die Gerölle sind meistens Quarzite, deren Herkunftsgebiet noch unbekannt ist. Das Alter ist nicht sicher. Sie liegen aber eindeutig über der proterozoischen Deilegga-Formation. Das Konglomerat ist 500 m mächtig und stark metamorphosiert.

Die eokambrische Gåshamna-Serie besteht aus grünen oder grauen Phylliten mit Quarzit-Sandstein-Einlagerungen. Sie sind am Sofiebogen, ausgangs Hansbekken, steilgestellt. An gleicher Stelle liegen darunter Gesteine der Höferpynten-Serie, die sich aus phylliti-

Tab. 2. Stratigraphie der postkaledonischen Schichtenfolge im Gebiet des Hornsundes (nach BIRKENMAJER 1960)

Formation	Serie
6. Kreide über 200 m	s. Ditrupa-Schiefer-Serie (Apt-Alb) r. Kontinentale Serie (Hauterive-Barrême) q. Ullaberget-Serie (Unteres Neokom) p. Tirolarpasset-Serie (Wolga-Serie, Unteres Neokom)
5. Jura 180—400 m	o. Ingebrigtsenbukta-Serie (Callovien-Kimmeridge) n. Phosphorit-Konglomerat (Toarcian?, Aalenian?) m. Rät-Schichten (+ Unterer Lias)
4. Trias 350—500 m	l. Obere Trias und Rät (teilweise) k. Mittlere Trias j. Untere Trias (Eotrias)
3. Perm 6—40 m	i. Brachiopoden-Hornfels-Kalkstein (Perm)
2. Karbon ca. 1350 m	h. „*Cyathophyllum*"-Kalkstein und *Cancrinella*-Kalkstein – nur im nördlichen Teil des Gebiets – (Oberes Karbon) g. Treskelodden-Schichten (Oberes Karbon) f. Hyrnefjellet-Schichten (Mittleres Karbon) e–d. „Kulm" (Unteres Karbon) – nur an der SW-Küste von Hornsund: e. Sergeijevfjellet-Schichten d. Hornsund-Schichten
1. Devon ca. 1500 m	c. Wijde-Bay-Serie (wahrscheinlich unterer Teil des Oberen Devon) b. Grey-Hoek-Serie (Mittleres Devon) a. Wood-Bay-Serie (Unteres Devon)

schen Kalksteinen, Dolomiten und oolithischen und pisolithischen Dolomiten zusammensetzt. Wichtig ist das Auftreten von *Collenia.*

Der jüngere Teil der HH-Serie (Kambrium und Ordovicium) besteht überwiegend aus Kalksteinen. Besonders wichtig war das Auffinden mittelkambrischer Olenelliden durch K. BIRKENMAJER sowie ordovizischer Brachiopoden, Gastropoden und Cephalopoden.

Die Einstufung dieser stark metamorphen Schichtglieder der HH-Serie ist sehr schwierig, zumal die Lagerungsverhältnisse durch die kaledonische Orogenese recht verworren sind. Auf Grund der charakteristischen Gesteinsausbildung und der überlagernden, fossilführenden, kambrischen Schichtenfolge war jedoch die Aufstellung einer chronologischen Abfolge möglich (Tab. 1). Die Mächtigkeit der HH-Serie ist außerordentlich groß. Sie wird für die nordöstlichen Teile von Westspitzbergen mit über 1600 m und für das Hornsundgebiet mit mehr als 11500 m angegeben.

Die nachkaledonische Schichtenfolge beginnt mit Gesteinen downtonisch-devonischen Alters. Es handelt sich um kontinentale Ablagerungen von Sandsteinen, Konglomeraten und Schiefertonen in roter Fazies vom Typ des „Old red". Das Auftreten von äußerst interessanten Fischresten, Gastropoden und Ostracoden in brackischen oder marinen Zwischenlagen gestattet eine genauere Einteilung des Unter- und Mitteldevons. Oberdevon fehlt. Während der Exkursion wurde die Lykta-Stufe der Wood-Bay-Serie (Unterdevon) gezeigt. Hier überwiegt die etwas feinerklastische Ausbildung roter Sandsteine mit einzelnen Geröllagen und Schiefertonzwischenlagen, ähnlich unserem Rotliegenden. Konglomerate fehlen, sie treten erst weiter im Norden auf. Die sandig-tonigen Lagen enthalten die ersten Pflanzenreste.

Darüber folgt das Unterkarbon, das wegen seiner Kohlenführung wirtschaftliche Bedeutung besitzt. Es ist im wesentlichen kontinental bzw. limnisch-diastrophisch ausgebildet und besteht überwiegend aus Konglomeraten und Sandsteinen ohne marine Einschaltungen. Die Serie enthält in den nur vereinzelt vorkommenden Schiefertonbänken eine fossile Landflora und einige in ihrer Mächtigkeit und Qualität schwankende Kohlenflöze. Die Altersstellung ist durch die Flora und durch die Überlagerung von Schichten der Moskauer Stufe gesichert. Fazies und Pflanzenführung gleichen den aus dem Doberluger Unterkarbon bekannten Verhältnissen. Die Kohle zeigt nicht den lokal bedingten hohen Inkohlungsgrad des Doberluger Anthrazits.

Das Unterkarbon unterlag vor Ablagerung des Oberkarbons weitgehend der Abtragung und ist heute nur noch in Resten erhalten (z. B. Hornsund, Billefjord, Dicksonfjord).

Mit dem Oberkarbon beginnt eine vollkommene Umstellung des Charakters von extrem kontinentalen zu typisch marinen Sedimenten. Die Schichtenfolge zeigt enge Beziehungen zum russischen Uralmeer der Oberkarbon-Perm-Zeit. Charakteristisch ist der *Cyathophyllum*-Kalkstein mit einer reichen Fauna an Mikrofossilien im unteren Teil und einer reichen Brachiopoden- und Korallenfauna der Moskauer und Uralstufe. Seine harten Bänke bilden deutliche Schichtstufen über den zu flachen Hängen neigenden, stark schuttbildenden Devonsedimenten (Abb. 2). Stellenweise ist er durch bis zu 100 m mächtige Gipseinschaltungen in einen oberen und einen unteren Horizont aufgespalten. Der hohe Anhydritanteil zwang eine norwegische Bergwerksgesellschaft dazu, recht bald ihren Versuchsabbau wieder einzustellen.

Konkordant über dem *Cyathophyllum*-Kalkstein liegt der unterpermische Spiriferenkalk, der dem russischen Schwagerinenkalk entspricht. Er enthält eine außerordentlich reiche Fauna, u. a. von Productiden, Spiriferen und Bryozoen. Stellenweise folgen auch direkt die Kieselgesteine des Artinsk (z. B. Tempelberg).

Unter Ausfall des Oberperms lagern darüber triassische Sedimente. Sie sind marin entstanden und in ihrem mittleren Teil durch einen relativ großen Reichtum an Ammoniten und Lamellibranchiaten gekennzeichnet. Typuslokalität für die vollständige Entwicklung ist das Gebiet des Eisfjordes. Das Trias-Profil wurde am Kongressfjellet am Eingang zum Dicksonfjord befahren.

Der untere Teil der Trias, bestehend aus Sandsteinen und Schiefertonen mit Rippelmarken, ist fossilleer. Darüber folgen Schiefertone mit Kalkkonkretionen und dünnen Kalklagen, die zahlreiche Invertebraten (*Arctoceras, Posidonomya mimer*) und Vertebraten enthalten. Dieser Horizont wird auch als Fischhorizont oder Posidonomyenschiefer bezeichnet.

An der Basis der Mitteltrias ist der sog. untere Saurierhorizont zu finden. Der mittlere Teil besteht aus Schiefertonen, mergeligen Kalksteinen und Phosphorithorizonten. Das Hangende wird von dem sog. *Daonella*-Schiefer gebildet. Es handelt sich um sehr dünnplattige, dunkle, bituminöse Schiefer mit *Daonella lindströmi* und *Daonella arctica.*

Die Obertrias besteht aus Schiefertonen und Sandsteinen. Sie enthält den sog. oberen Saurierhorizont. Pflanzenführende Schichten kennzeichnen den zunehmenden kontinentalen Charakter. Im östlichen Spitzbergen soll sogar ein kohlenführender Horizont auftreten (Rät ?).

Die Trias wird am Kongressfjellet von einem 10 m mächtigen kretazischen Diabas überlagert.

Der konkordant folgende Jura wurde am klassischen Festungsprofil, einer ca. 4 km langen Küstenlinie am Eingang zum Isfjorden mit fast senkrecht stehenden Schichten vom Unterkarbon bis zum Tertiär, und am Deltaneset befahren. Er beginnt mit einem charakteristischen Basiskonglomerat des Lias, das am Festungsprofil nur wenige Zentimeter mächtig ist, im Inneren des Eisfjordes aber größere Mächtigkeiten erreicht. Es besteht aus Phosphoriten und Quarz und enthält oberliassische Harpoceren, ferner Belemniten- und Lamellibranchiatenreste. Darüber folgt eine sehr mächtige, monotone, marin ausgebildete Schichtenfolge, die hauptsächlich aus mergeligen Schiefern mit Kalkkonkretionen und dünnen Kalksteinlagen besteht. Bisher wurden Schichten des oberen Lias, des mittleren und oberen Callovien, Oberoxford bis Unterkimmeridge, untere und ? obere Wolgastufe nachgewiesen.

Infolge ungünstigen Wetters konnten Beispiele der Kreide nur am Festungsprofil besichtigt werden. Dieses Profil bietet eine ziemlich vollständige Übersicht über die Unterkreide. Das Valendis ist durch dunkle, mergelige Schiefer gekennzeichnet. Nach oben nehmen der Sandgehalt und die Einschaltungen an konglomeratischen Lagen immer mehr zu. Es folgt eine limnisch-brackische Folge mit Sandsteinen und pflanzenführenden Horizonten. An der Basis liegt der sog.

Abb. 2. Blick auf den Citadellet (links) und Triungen (rechts), Dicksonfjord

Festungssandstein. An Pflanzen wurden *Elatides*, *Pitophyllum*, *Ginkgo* u. a. gefunden. Die Sandsteinfolge gehört dem oberen Hauterive und Barrême an. Die charakteristischen, festungsartig bis weit in den Fjord hineinragenden Verwitterungsformen führten zu dem Namen Festungssandstein und Festungsprofil.

Eine besondere Begebenheit für die Exkursion war das erstmalige Auffinden von Dinosaurierspuren im Festungssandstein durch den französischen Exkursionsteilnehmer Prof. de Lapparent (1960). Es sind die ersten derartigen Spuren, die nördlich des 52. Breitengrades (England, Hannover) gefunden wurden.

Das Apt besteht aus sandig-mergeligen Schiefern. Danach folgt das Basiskonglomerat des Tertiärs. Gault und Obere Kreide fehlen am Festungsprofil vollständig.

Das Tertiär ist heute hauptsächlich in der Mitte der großen Zentralmulde zu finden. Es liegt meist der Unterkreide auf. Besondere Bedeutung erlangt es durch das Vorhandensein von Kohlenflözen, die an mehreren Stellen abgebaut werden.

Die Schichtenfolge ist teils marin, teils kontinental. Sie beginnt am Festungsprofil mit einem geringmächtigen Basalkonglomerat, über dem die kontinentale Sandsteinfolge, der sog. untere Sandstein, mit Kohlenflözen folgt. Über marinem Schieferton und Sandsteinen liegt als oberster Teil der tertiären Sedimente der wiederum kontinentale, sog. obere Sandsteinhorizont mit Schiefertonlagen und Kohlenflözen. Die Mächtigkeit des Tertiärs beträgt rund 2000 m. Die Molluskenfauna gestattet eine Zuordnung der Schichtenfolge in das Paläozän und Eozän. Eine Bearbeitung der Flora ist z. Zt. im Gange. Miozän ist nicht mehr vorhanden.

Die Hauptfaltung Spitzbergens ist kaledonisch. Sie erfolgte zwischen Ordovizium und Unterdevon und äußert sich in der starken Verfaltung und Metamorphose der prädowntonischen HH-Serie. Die Hauptstreichrichtung der tektonischen Elemente ist NNW—SSE, die Falten zeigen eine Vergenz nach E bzw. NE. Diese generelle N—S-Richtung läßt sich auch im Verlauf der Fjorde und Sunde erkennen. Die E—W gerichteten Fjorde kreuzen diese Richtung nahezu senkrecht.

In der jüngeren alpidischen Orogenese überwiegen die germanotypen Erscheinungsformen. Eine Steilstellung der die Zentralmulde füllenden jüngeren Sedimente erfolgte nur am Muldenrand (z. B. am Festungsprofil, steilgestelltes Perm der Aksel-Insel am Eingang zum Bellsund u. a.).

Die Aufschlußverhältnisse sind trotz der hohen nördlichen Lage ideal. Die günstigen klimatischen Verhältnisse durch den Einfluß des Golfstromes führen dazu, daß Teile der Westküsten, insbesondere im Gebiet des Eisfjordes, im Sommer fast eisfrei sind. Besonders anschaulich tritt dadurch der krasse Wechsel der Morphologie und des tektonischen Baustiles zwischen dem Westrand und der Zentralmulde hervor. Nur der schmale Rand intensiv verfalteter Gesteine der HH-Serie zeigt die charakteristischen steil aufragenden „spitzen Berge“, die der Inselgruppe den Namen gaben. Die mittlere Höhe liegt bei 800 m. Die höchste Erhebung ist der Hornsundtindet südlich des Hornsundes mit 1431 m. Im Bereich der Zentralmulde mit den flachliegenden postkaledonischen Gesteinen herrscht dagegen der Typ der Tafellandschaft vor. Die Schichten fallen nur mit wenigen Graden ein. Dadurch entstehen oft weitaushaltende, nur durch Erosionstäler unterbrochene Plateaus. Bei der Einfahrt in den Eisfjord lassen sich diese beiden für Spitzbergen typischen Landschaftsformen vom Schiff aus hervorragend beobachten.

Für die Herausmodellierung der einzelnen Landschaftsformen ist in der Hauptsache das Eis verantwortlich. Daneben wirken in weitaus geringerem Maße Wassererosion und Frostsprengung. Das Auftreten von Salinarbildungen in der Antarktis macht auch für die Arktis chemische Verwitterung, in größerem Maße als bisher angenommen, wahrscheinlich. Das frostgesprengte Material überdeckt große Gebiete und bildet an den Hängen breite Schuttfächer. Ferner konnten die für polare Gebiete typischen Steinringe sowie Polygonböden beobachtet werden.

Spitzbergen ist heute noch weitgehend vom Eis bedeckt, Westspitzbergen z. B. zu 50% und Nord-

ostland zu 80%. Die charakteristische Gletscherform ist der sog. Spitzbergentyp. Es handelt sich um große, zusammenhängende eisbedeckte Gebiete, die durch steil aufragende Bergrücken (Nunatakker) unterteilt sind. An der breit ausladenden Gletscherfront sind mehrere Mittelmoränen sichtbar (Abb. 3). Die meisten Gletscher enden in der See. Ihre Gletscherstirn kann bis zu 40 m über und bis zu 100 m unter den Wasserspiegel reichen. Höhe und auch Breite sind abhängig vom tektonischen Bau und der Gesteinshärte.

Im Osten und Norden bedeckt das Eis große Areale. Die Hälfte von Nordostland ist von einer zusammenhängenden Eisdecke bedeckt, die in der See endet.

In den letzten Jahrzehnten zeigen die Gletscher erhebliche Rückgänge. Damit sind, ähnlich wie auch in Norwegen seit der letzten Vereisung, Hebungserscheinungen verbunden. Nach BIRKENMAJER (1960) ist die Hebungstendenz im Osten und Südosten am größten. Das Zentrum der Hebung liegt dabei nicht in Spitzbergen, sondern außerhalb der Inselgruppe im Zentrum des Barentsschelfes. Die Ostküste Spitzbergens hebt sich um 4 m in 100 Jahren. Der Betrag läßt sich an der Hochlage früherer Terrassen messen.

Von wirtschaftlicher Bedeutung für Spitzbergen ist z. Z. nur die Kohle. Neuesten Pressemeldungen zufolge sollen amerikanische Firmen demnächst mit der Erdölförderung beginnen.

Die unterkarbonischen Kohlen Westspitzbergens werden z. Z. von der Sowjetunion in der Klaas Billenbay (Pyramiden) abgebaut. G. HORN (1928) weist Kohlen mit Braunkohlencharakter ähnlich denen von Tula bei Moskau nach. Es wird aber darauf hingewiesen, daß andere Kohlenanalysen eine Kohle von „gewöhnlichem Steinkohlencharakter zeigen". Dieses Nebeneinander von Stein- und Braunkohlen ist charakteristisch für alle Kohlen Spitzbergens, auch für die jüngeren kretazischen und tertiären. Das geringmächtige Flöz der Unterkreide in der Advent Bay wird heute nicht mehr abgebaut.

Von Wichtigkeit sind die Kohlenflöze des Tertiärs, die an mehreren Stellen von Norwegen (Longyearbyen, Ny Ålesund) und der Sowjetunion (Barentsburg, Grumantbyen) gewonnen werden. Die Exkursionsteilnehmer hatten Gelegenheit, die Grube V des norwegischen Kohlenreviers Longyearbyen zu befahren. Sie wurde erst in den letzten Jahren in Betrieb genommen. Der Ausbiß des Flözes ca. 200 m über Talsohle und die vollkommen flache Lagerung gestatten einen söhligen Stollenbetrieb. Das Flöz ist max. 0,70 m mächtig. Die im Liegenden und Hangenden auftretenden Flözbegleiter erreichen kaum Mächtigkeiten über 0,30 m. Die Kohle ist überwiegend stückig. Die wenigen mm-dünnen Zwischenlagen erreichen nur lokal Mächtigkeiten von ca. 0,35 m. Das Flöz besitzt eine äußerst glatte Hangendfläche, so daß es sich sehr gut ablöst und ein zusätzlicher Bergeanfall durch hereinbrechendes Nebengestein nicht zu befürchten ist. Tonsteinlagen sind bis jetzt noch nicht nachgewiesen worden. Die Kohle ist von guter Qualität. Ihr Aschengehalt ist sehr gering, der Prozentsatz der flüchtigen Bestandteile sehr hoch (40—45% waf.). Infolgedessen wurde die untere Abbaugrenze auf 0,40 m festgelegt.

Stratigraphisch gehört die Kohle zum unteren Tertiär (Paläozän ?). Eine genauere Einstufung ist z. Z. noch nicht möglich, da paläobotanische Untersuchungen noch durchgeführt werden. Ebenfalls neu bearbeitet wird die Kohlenpetrographie und die damit zusammenhängende Frage der Inkohlung. Auch hier sind Stein- und Braunkohlen vorhanden (Ostseite des Adventfjordes). Vom bearbeitenden Geologen MAJOR (Norsk Polarinstitutt) wird diese Erscheinung durch unterschiedliche Beanspruchung erklärt. Das trifft zwar verschiedentlich zu, z. B. für die unterkarbonischen Magerkohlen in dem tektonisch stark beanspruchten Gebiet von Camp Miller (Bellsund); das tektonische Erscheinungsbild ist aber gerade bei Longyearbyen so einfach, daß eine Erklärung durch Tektonik nicht ausreichend erscheint. Die teils niedrige, teils hohe geothermische Tiefenstufe (bis 50 m) weist vielmehr auf sehr unterschiedliche thermische Beeinflussung hin. Für die Erklärung durch einen Tiefenpluton fehlen jedoch noch Hinweise, zumal in dem Flöz scheinbar keine regionale Inkohlung auftritt. Viele Hinweise für lokale thermische Exhalationen gibt es dagegen noch heute in Nordspitzbergen.

Der Abbau ist weitgehend mechanisiert. Nur die Hauptförderstrecken werden ausgebaut, da das Gebirge im allgemeinen bruchsicher ist (Zugankerausbau). Die Kohle befindet sich jeweils im Hangenden der Auffahrungen. Ausgekohlte Gebiete werden nicht versetzt. Das Hangende senkt sich langsam auf das Liegende. Wasserschwierigkeiten treten in der Regel nicht auf, da die Kohle noch im Bereich des ewigen Frostes liegt. Dieser reicht 200—300 m unter Geländeoberfläche. Lediglich die obersten 0,80 m tauen in der kurzen Sommerzeit auf. Nur im Bereich von allerdings sehr selten auftretenden Störungszonen besteht die Gefahr eines Schmelzwasserzutritts von über Tage.

Die Kohle wird in der Trockenwäsche aufbereitet. Sie ist sehr gut aufbereitbar.

Die Strecke zur Verladestelle beträgt 12 km (Hängebahn). Empfangsländer sind Norwegen und Westdeutschland.

Jährlich werden etwa 300000 t gefördert, wobei der Abbau nur während des Polarwinters betrieben wird. Die Tagesförderung beträgt ca. 1700 t, die Förderung pro Mann und Schicht 15 t. Die Verladung kann nur im Sommer erfolgen, da Spitzbergen zu anderer Jahreszeit weder durch Schiffe noch durch Flugzeuge erreicht werden kann.

Die Vorräte werden nach der alten Klassifikation auf 7—10 Mill. t „sichere" Vorräte geschätzt. Bei konstanter jährlicher Förderung von 300000 t besitzt die Grube noch eine Lebensdauer von ca. 30 Jahren.

Die Erkundung erfolgte durch Kartierung (meistenteils Ausbiß in halber Hanghöhe) und in einigen Fällen durch Bohrungen. Die eingesetzten Craelius-Anlagen bohrten durchweg mit Diamantkronen. Im Flözbereich kamen amerikanische Doppelkernrohre älteren Typs zur Anwendung. Eine geophysikalische Vermessung wurde nicht vorgenommen.

Literatur

BIRKENMAJER, K.: Geological results of the Polish Spitsbergen Expedition 1957—1958. — Studia Geologica Polonica, Warszawa 1960.

— Geological sketch of the Hornsund area. — Supplement to the guide for exc. A 16, XXI. Int. Geol. Congr., Norden 1960.

FREBOLD, H.: Geologie von Spitzbergen, der Bäreninsel, des König-Karl- und Franz-Josef-Landes. — Geologie der Erde, Berlin 1935.

HORN, G.: Beiträge zur Kenntnis der Kohle von Svalbard (Spitzbergen und der Bäreninsel). — Skrifter àn Svalbard og Ishavet, Nr. 29, Oslo 1928.

LAPPARENT, A. F. DE: Découverte de traces de pas de Dinosauriens dans le Crétacé du Spitzberg. — Comptes rendus des séances de l'Académie des Sciences, **251**, S. 1399—1400, séance du 3. octobre 1960, Paris.

WINSNES, TH. S., A. HEINTZ, N. HEINTZ & K. BIRKENMAJER: Aspects of the Geology of Svalbard. — Guide to excursion A 16, XXI. Int. Geol. Congr. Norden 1960.

Zeitschrift für angewandte Geologie (1962) Heft 2

Die Geologische Karte von Australien im Maßstab 1:6000000

HERBERT P. T. HYDE, Berlin

Eine Neuausgabe dieser bereits in früheren Auflagen erschienenen geologischen Karte Australiens, jedoch ohne die Mandatsgebiete Neuguinea und Papua, kam gegen Ende des Jahres 1960 zur Auslieferung.

Da Verf. unter Aufsicht des Supervising Geologist vom Bureau of Mineral Resources in Canberra, Mr. L. C. NOAKES, für das Zeichnen, die Auswahl und das Zusammenstellen der zum Ausdruck gebrachten geologischen Daten — bis zum Jahre 1957, als die Karte druckfertig vorlag — verantwortlich war, erscheint es nicht uninteressant, den deutschen Fachkollegen etwas über das Zustandekommen dieser Karte mitzuteilen.

Diese Karte ist nur ein Einzelblatt einer umfangreichen, z. Z. aus dreißig Kartenblättern bestehenden Sammlung, die sich „Atlas of Australian Resources" nennt und vom Department of National Development, dem Ministerium für nationalen Aufbau, herausgegeben wird. Zusammen mit jeder Karte erscheint eine kurze Erläuterung.

Der Zweck dieser Kartensammlung ist eine übersichtliche Darstellung und allgemeinverständliche Zusammenfassung aller australischen Rohstoffe des zur Zeit getätigten Abbaus, beziehungsweise der Verwertungsmöglichkeit, sowie aller physikalischen, siedlungs- und verkehrsgeographischen Elemente, welche die Auswertung australischer Bodenschätze und Rohstoffe ermöglichen.

In den Karten mit ihren Erläuterungen kommen sogar noch geschichtliche Tatsachen, wie die Abnahme und Zunahme der Bevölkerung, ferner das Gesundheitswesen, die Ausnutzungsmöglichkeit der verschiedenen, stark voneinander abweichenden Böden, in Landschaftsformen und klimatischen Zonen, allgemeinverständlich zur Darstellung.

In den Rahmen der Geologie im weiteren Sinne fallen die Blätter Geologie, Verbreitung von Bodenschätzen, Grundwasser, Böden und durch Bodenschätze hervorgerufene Industrie.

Das auf diesen Karten Wiedergegebene ist klar, verständlich und einleuchtend. Ganz fraglos entstand die überwiegende Mehrzahl dieser Karten durch ernste wissenschaftliche Arbeit. Dies schließt jedoch die Möglichkeit weitgehender Mißverständnisse nicht aus; denn ganz so einfach liegen die Dinge nicht, daß sich alle Unterlagen des australischen Landes und seiner Wirtschaft in eindeutigen Zahlen wiedergeben lassen. Es wird nicht verzeichnet, daß die Eisenbahnen der sechs australischen Staaten (Westaustralien, Südaustralien, Viktoria, Neusüdwales, Queensland und die Insel Tasmanien, zu denen dann noch das Territorium des Nordgebietes und das Bundesgebiet um Canberra kommen) abweichende Spurweiten besitzen mit den sich hieraus ergebenden katastrophalen Rückwirkungen auf Wirtschaft und Verkehr. Aus diesen Karten ist nicht zu erkennen, daß es für eine Gesamtbevölkerung von nur zehn Millionen sechs, mit der Bundesregierung in Canberra sogar sieben verschiedene Regierungen mit den dazugehörigen Ministerien und einer entsprechend großen Beamtenschaft gibt und daß über die Hälfte der Gesamtbevölkerung in sechs Großstädten lebt.

In der Geologie wirkt sich dieser Zustand so aus, daß die Geological Surveys oder Landesanstalten der Einzelstaaten jeweils andere Farbtöne für ihre Formationstabellen und verschiedene Maßstäbe für ihre geologischen Karten benutzen. Auf stratigraphischem Gebiet beobachtet man eine ähnliche Erscheinung:

Beispielsweise teilt man im Osten Australiens das Präkambrium in ein oberes und ein unteres Proterozoikum neben dem Archäozoikum ein, während die Geologen von West- und Südaustralien den Begriff des Proterozoikums nur für die jüngste Abteilung anwenden und dann von oberem und unterem Archaikum sprechen.

Im Bergbau zeigt sich folgende Situation:

Man fand und findet im Landesinnern hinreichend abbauwürdige Mineralvorkommen. Aber auf Hunderte von Kilometern gibt es kein Wasser, kein Holz zum Bauen, keine Menschen, letzteres in zweierlei Hinsicht: keine Menschen zum Betreiben des Abbaus, zum Fördern und Verhütten und keine Menschen zum Verwerten des gewonnenen Materials. Nur in den Ausnahmefällen von ungewöhnlich reichhaltigen und umfangreichen Vorkommen rentiert sich der Bau einer Eisenbahn oder Straße.

In technischer Hinsicht ist die geologische Karte nach anfänglichen Mißerfolgen zufriedenstellend ausgefallen. Die Begrenzungen sind scharf gezeichnet und klar. Die topographischen Angaben, wie etwa die zumeist schnurgerade verlaufenden Grenzen der Staaten, die Bahnlinien, Städte, Flüsse und Seen, sind dezent eingezeichnet, so daß sie deutlich zu erkennen sind, doch hinter den geologischen Angaben im Bild zurücktreten. Die Farbtöne lassen sich im allgemeinen gut unterscheiden, allerdings sind sie ungewöhnlich und weichen von den international gebräuchlichen stark ab: Für das Altpaläozoikum benutzt man mehrere Farbabstufungen von Violett, Karbon Grau, Perm Hellblau, Trias Dunkelgrün. Der Jura wird in drei völlig voneinander abweichenden Farben angegeben. Die vier Farbtöne für junge Basalte, Lavagesteine, mesozoische Dolerite und paläozoische Eruptiva sind einander zum Verwechseln ähnlich. Unklar ist die Einbeziehung von Intrusivgesteinen in die Gruppe „Porphyre und saure Laven".

Als basische Äquivalente werden lediglich „Serpentine und ultrabasische Gesteine" verzeichnet, woraus man schließen möchte, daß es in Australien keine anderen basischen Gesteine gibt. In der Formationstabelle jedoch trifft man unter den Überschriften Cainozoic, Mesozoic und Palaeozoic gesonderte Bezeichnungen wie „Volcanic Rocks, Alkaline Volcanics, Dolerite Sills, Basic Volcanics" etc. Es wurde also einerseits eine Trennung nach petrographischen Gesichtspunkten, andererseits eine Differenzierung nach dem Alter vorgenommen.

Die Legende ist in dieser Hinsicht unlogisch und unsystematisch. Es kommt hinzu, daß sich der dunkelgrüne Farbton für die Sedimente der Trias von dem sehr ähnlichen für Serpentine und basische Gesteine kaum unterscheidet.

Der Grad der Zuverlässigkeit des zur Darstellung gekommenen Materials schwankt bedenklich.

Man geht nicht zu weit in der Behauptung, daß die in dieser Karte verwendeten Unterlagen teils das Produkt ernster Arbeit sind, teils aber auch reine Phantasie darstellen. Dieser wechselnde Grad der Zuverlässigkeit der Karte kommt nirgends zum Ausdruck. Man hat lediglich verhältnismäßig kleine Flächen in Westaustralien offengelassen; darüber hinaus aber fehlt jegliches Fragezeichen.

Luftkarten im Maßstab von einem Inch, gleich dreiviertel englischen Meilen, dienten der Kartierung meistens als Grundlage.

Ihr Wert für die wissenschaftliche Erschließung eines jungen Landes soll keineswegs abgestritten werden. Doch müssen gleichzeitig die Grenzen einer solchen Arbeitsweise abgesteckt werden. Sie eignet sich für Landschaftsformen mit völlig und relativ offenem Gelände und das auch nur unter Ausschaltung optischer Verzerrungen, die durch die scharfen Gegensätze von Licht und Schatten in Wüstengebieten hervorgerufen werden.

Die Kontrolle über die jeweilige geologische Detailarbeit war äußerst mangelhaft, das Fertigstellen der Aufnahme nur auf „Tempo" eingestellt. Deshalb konnte in einige Gebiete, namentlich des Inneren Australiens, kein Geologe in der zur Verfügung stehenden Zeit vordringen. Die Einzeichnungen wurden dann an Hand von Luftbildern nach Gutdünken vorgenommen.

Abschließend ein Wort zu den 26 Seiten umfassenden Erläuterungen. Sie sind klar und systematisch gefaßt. Formationsweise werden zunächst paläontologische, stratigraphische und lithologische Charakteristika gegeben, denen sich kurze Beschreibungen vulkanologischer und tektonischer Ereignisse anschließen. Ihnen folgen dann Hinweise auf Mineralvorkommen, ihre Verwertbarkeit und ihre Gewinnung.

Jeder Formation ist eine eigene paläontologische Kartenskizze beigeordnet, für das Kambrium sogar dreigeteilt. Letzteres ist auf die anerkennenswerten Arbeiten des Geologen Dr. ÖPIK zurückzuführen.

Gründung des Fachunterausschusses „Erdbau“

K. JOHANNES KLENGEL, Dresden

Am 21. 4. 1961 konstituierte sich der FUA „Erdbau“ des Fachausschusses „Tiefbau“ im Fachverband Bauwesen der Kammer der Technik. Er entstand durch den Zusammenschluß des bisherigen FUA „Untergrund“ des FA „Straßenwesen“ mit dem Arbeitsausschuß „Erdbau“ des FUA „Grund- und Erdbau“. Auf dieser Grundlage können die Aufgaben des Erdbaus und der Geotechnik für alle Fachgebiete — Industrieller Tiefbau, Straßenbau, Eisenbahnbau, Flugplatz- und Wasserbau — gemeinsam bearbeitet werden. Damit werden Doppelarbeit und Zersplitterung der Fachkräfte vermieden.

Die einzelnen Schwerpunkte des Erdbaus werden für die verschiedenen Fachgebiete nicht getrennt behandelt, was einer vertikalen Gliederung entspräche, sondern nach einzelnen Arbeitsbereichen, die alle Fachgebiete umfassen sollen. Unter diesen Gesichtspunkten wurden in den letzten Monaten folgende fünf Ausschüsse als Arbeitsgremien im Rahmen des FUA „Erdbau“ ins Leben gerufen:

1. Bodenstabilisierung und Bodenverfestigung
2. Abdichten von Erdbauten und Untergrund
3. Gewinnen, Fördern, Einbauen und Verdichten
4. Bodenklassifizierung und Bodenklassen
5. Rutschungen

Je nach Bedarf und Notwendigkeit werden weitere Arbeitsausschüsse gegründet. Nach Abschluß der Aufgaben sind diese wieder aufzulösen. Die Tätigkeit der einzelnen Arbeitsausschüsse umfaßt im Augenblick folgende Gebiete:
Einflußnahme auf die Erarbeitung von Standards,
Verabschiedung fertiggestellter Standards und Formulierung von Empfehlungen an die verantwortlichen Hauptverwaltungen oder für die Ministerien,
Durchführung von Erfahrungsaustausch,
Baustellenbesichtigungen und Exkursionen zur Weiterbildung der Mitarbeiter und Festigung der Verbindung zwischen Wissenschaft und Praxis.

An die selbständige Bearbeitung von Standardentwürfen durch die Arbeitsausschüsse des FUA, wie z. B. bei dem FUA „Untergrund“, als die Entwürfe für die Standards „Verhütung von Frostschäden an Straßen“, „Technische Vorschriften für Erdarbeiten im Straßenbau“ und „Verdichtung und Verdichtungsnachprüfung“ ehrenamtlich von seinen Mitgliedern aufgestellt wurden, ist wegen der starken außerdienstlichen Arbeitsbelastung nicht mehr gedacht.

In den Vorstand des FUA „Erdbau“ wurden folgende Kollegen gewählt:

Ing. LAUKUS, Eberswalde	1. Vorsitzender
Dipl.-Ing. DAMM, Magdeburg	Vorstandsmitglieder
Dipl.-Ing. ZIEMS, Cottbus	
Dr. KLENGEL, Dresden	

Es sind somit sowohl erfahrene Praktiker als auch Wissenschaftler im Vorstand vertreten, die ihre Kenntnisse für die Arbeiten des FUA zur Verfügung stellen.

Die Aufgaben und Arbeitspläne der einzelnen Arbeitsausschüsse sind folgende:

AA Bodenstabilisierung und Bodenverfestigung

In diesem Arbeitsausschuß werden alle Fragen, die mit der Bodenstabilisierung — als neuzeitlicher Methode beim Bau von Straßen, Pisten, Landwirtschafts-, Forst- und Baustellenwegen — zusammenhängen, behandelt. Außerdem befaßt sich dieser AA mit der Stabilisierung nichttragfähigen (organischen) Untergrundes, also mit allen Fragen der Anlage vertikalen Sand- und Pappdräns, der Moorsprengungen, des Aushubs und Ersatzes organischer Massen und mit der Injektionstechnik, sofern sie zur Verbesserung der Tragfähigkeit im Grundbau herangezogen wird.

In den Vorstand wurden folgende Kollegen gewählt:

Dipl.-Ing. MÜLLER, Schleusingen,
Dipl.-Ing. LEHM, Cottbus, und
Dipl.-Landwirt FREUDENBERG, Neugattersleben.

Das vorläufige Arbeitsprogramm sieht zunächst die Durchsicht und Verabschiedung der Richtlinien „Bodenstabilisierung mit Kalk“ und „Bodenstabilisierung mit Zement“ vor.

AA Abdichten von Erdbauten und Untergrund

Hier werden alle Probleme, die mit der Dichtung von Erdstaudämmen — als Schürzen- oder Kerndichtungen — zusammenhängen, und die Probleme der Injektionstechnik in ihrer verbreitetsten Anwendungsform, der Untergrundabdichtung, behandelt.

Für den Vorstand sind folgende Kollegen vorgeschlagen:

Dipl.-Ing. ZIEMS, Cottbus,
Dr. STRIEGLER, Dresden, und
1 Vertreter der Forschungsanstalt Berlin.

Ein Arbeitsprogramm für diesen Arbeitsausschuß liegt noch nicht vor.

AA Gewinnen, Fördern, Einbauen und Verdichten

Die Bezeichnung dieses AA spiegelt die Vielfalt der Arbeitsgebiete und Aufgaben wider. Der Schwerpunkt seiner Arbeiten wird auf dem Gebiet des Verkehrsbauwesens liegen.

In den Vorstand wurden folgende Kollegen gewählt:

Koll. WAGNER, Magdeburg,
Dipl.-Ing. FUCHS, Weimar, und
Dipl.-Ing. BOLDT, Dresden.

Neben der Überprüfung bereits abgeschlossener Standards und der Einflußnahme auf neue (TVE, Verdichtung und Verdichtungsnachprüfung) werden vor allem Anregungen zur Erarbeitung von Technologien des Erdbaus gegeben, die für alle Erdbaubetriebe Verbindlichkeit erhalten sollen. Weiterhin soll die Entwicklung von Maschinen und Geräten für den Erdbau beeinflußt werden, damit auch hier nicht allein die Erfahrungen der Maschinenbauer, sondern auch die der Bauingenieure ihren Niederschlag finden, auf daß Geräte zur Verfügung stehen, die allen Ansprüchen genügen.

AA Bodenklassifizierung und Bodenklassen

Dieser Arbeitsausschuß soll vor allem an der Einführung einer verbindlichen Klassifizierung der Bodenarten im Bereich unserer Republik mitwirken, die nicht nur geologischen, sondern auch technischen Gesichtspunkten und Anforderungen entspricht. Des weiteren ist auch die heute bei uns gültige Einteilung der Locker- und Felsgesteine in 10 Gewinnungsklassen verbesserungsbedürftig. Das gebräuchliche Schema kann je nach Auslegung zu den verschiedensten Festlegungen führen.

Für den Vorstand wurden bisher nur Koll. Dipl.-Ing. STROBEL, Leipzig, und ein Vertreter des Zentralen Geologischen Instituts, Berlin, nominiert.

In den vorläufigen Arbeitsplan wurde die Abstimmung zwischen den Klassifizierungsarbeiten der TH Dresden — Institut für Grundbau — und der Versuchs- und Entwicklungsstelle des Straßenwesens, Berlin, aufgenommen.

AA Rutschungen

Noch während des Bestehens des FUA „Untergrund“ waren Bestrebungen im Gange, den Entwurf von Richtlinien zur Sicherung von Böschungen in die Arbeiten des FUA aufzunehmen, weil auf diesem speziellen Sektor der Geotechnik keinerlei Anweisungen für die Praxis vorhanden sind. Andererseits aber existiert bereits umfangreiches Material für die Erarbeitung von Standards oder Richtlinien: z. B. die Arbeitsanweisungen des Braunkohlenbergbaus für die Sicherung von Kippen und Tagebauböschungen und die im Gesamtdeutschen Normenausschuß — Arbeitsgruppe 8 — erarbeiteten „Empfehlungen zur Sicherung von Böschungen“. Im Hinblick auf die Bedeutung dieser Thematik für alle im Erdbau arbeitenden Praktiker wurde der AA „Rutschungen“ ins Leben gerufen, der diese Vorschläge weiterverfolgen soll.

Für den Vorstand wurden bisher Dr. STRIEGLER, Dresden, und ein Vertreter der Forschungssanstalt Berlin nominiert.

In das vorläufige Arbeitsprogramm wurde die Sichtung aller für die Aufstellung von Richtlinien, einschließlich Berechnungsverfahren, geeigneten und z. Z. vorhandenen Zusammenstellungen usw. aufgenommen.

Die vorstehenden Ausführungen unterstreichen die Bedeutung des neuen FUA „Erdbau" für den gesamten Sektor Erdbau in der Republik. Es ist dringend zu wünschen, daß alle in Frage kommenden Betriebe und Institute verantwortliche Kollegen zur Mitarbeit delegieren, um die großen vor uns liegenden Aufgaben meistern zu helfen.

Gerade auf dem Sektor Erdbau in unserer Republik harren noch eine Vielzahl von Problemen ihrer Lösung.

In zusagenden Fällen wird um Kontaktaufnahme der verantwortlichen Mitarbeiter mit dem Institut für Geotechnik, Dresden A 1, Hochschulstraße 3, gebeten, wobei die Angabe des jeweiligen Arbeitsausschusses erwünscht ist.

Lesesteine

Gelenkte Untergangsstimmung

Untergangsstimmung und Existenzangst gehören ursächlich zur kapitalistischen Wirtschaft als Elemente, die ihr innewohnen und die die Konzerngewaltigen jeweils dann in den Vordergrund zerren, wenn es gilt, ihre wahren Interessen, das Streben nach maximalen Profiten, zu verschleiern. Das im Erdöl investierte monopolistische Kapital, eines der beweglichsten seiner Art, bietet hierfür zahlreiche Beispiele.

Wir haben in unserer Zeitschrift wiederholt auf größere Kapitalumgruppierungen, verbunden mit Kapitalexport, vor allem in arabische, afrikanische und lateinamerikanische Länder, hingewiesen, die die Erdölkapitalgruppen in Westdeutschland z. Z. vornehmen. Zur ideologischen Untermauerung werden einige geschickt aufgemachte Artikel in Fachzeitschriften lanciert, in denen von der „Unrentabilität" westdeutscher Lagerstätten oder von der „ungünstigen Preislage" geschrieben wird.

Nun erstand der monopolistischen Erdölindustrie im Westen unseres Vaterlandes in E. F. SCHUMACHER ein Apostel für ihre Dispositionen, von ihr gerufen und deshalb sehr willkommen. Die „Erdölnachrichten Nr. 162" geben die primitiven Gedankengänge dieses neuen Untergangsphilosophen wieder. Er errechnet, daß bei einem jährlichen Anstieg des Welterdölverbrauchs um 7% die Erdölvorräte im Jahre 2000 praktisch erschöpft seien. Die Nutzanwendung ist natürlich die, daß man den Konzernen zu Dank verpflichtet sei, wenn sie sich nicht gar zu lange mit der Erkundung und Ausbeute kleiner Erdölvorkommen am Rande aufhalten, sondern zum Wohle der Menschheit (und des Monopolprofites) die großen Vorkommen in der Welt angehen, auch wenn diese im Besitz anderer Völker sind.

Aber die Tatsachen haben bisher immer gegen solche Flickschuster gesprochen und reden auch heute die gleiche eindeutige Sprache.

Mit Ablauf des Jahres 1960 betrugen die Erdölreserven der Welt 40940000000 t. Das ist die amtliche Zahl. Sie ist in Wirklichkeit wegen der undurchsichtigen Finanz- und Konzernmanipulationen mit Sicherheit höher. Aber nehmen wir sie ruhig als gegeben. Während die Welterdölförderung von 1949 bis 1959 sich etwa verdoppelte, haben sich die nachgewiesenen Nettovorräte vervierfacht. 1949 betrugen die Reserven 10,5 Mrd. t, 1960/61 erreichten sie bereits 41 Mrd. t. Bezeichnet man als Bruttoreserven die gesamten Vorräte an Erdöl einschließlich der bereits geförderten Mengen, so wird ihr Wert heute mit 270 Mrd. t angegeben. Von 1860 bis 1959 sind davon insgesamt aber nur 17 Mrd. t entnommen worden! Trotz der Entnahme in der laufenden Produktion ist der gesamte Weltvorrat im Jahre 1960 um 1,1 Mrd. t, gleich ca. 3%, angestiegen. Knapp die Hälfte dieses Weltzuwachses kommt auf das Habenkonto der Sowjetunion.

In der absonderlichen Rechnung des Herrn SCHUMACHER erscheinen nicht die Ölschiefer, deren Rohölkapazität allein mit 130 Mrd. t in der Welt veranschlagt werden. Die Entwicklung der Atomenergie bis zum Jahre 2000 wird so dürftig angesetzt, daß sie dann nur 15% des Gesamtenergiebedarfs decken könnte, usw.

Kurzum: der Untergangsgesang des Herrn SCHUMACHER, so angenehm er in westdeutschen Monopolistenohren auch klingen mag, ist in Wirklichkeit nichts mehr, als eine erbärmliche Dissonanz, deren Sinn von den jungen Völkern nationaldemokratischer Staaten, aber auch von unserem, im Umgang mit Monopolisten auf schmerzliche Art erfahrungsreich gewordenen Volk sehr wohl verstanden wird.

KAUTER

Besprechungen und Referate

FISCHER, W.

Gesteins- und Lagerstättenbildung im Wandel der wissenschaftlichen Anschauung

E. SCHWEIZERBARTHsche Verlagsbuchhandlung, Stuttgart 1961. — VIII, 592 S., 12 Taf., 12 Abb., 36 Tab.

FISCHER gliedert den Stoff in zwei große Hauptgruppen. Einmal wird das Gebiet der Gesteinslehre und zum anderen die Lagerstättenkunde abgehandelt. —

Die Gesteinslehre der älteren Zeit befaßt sich zunächst mit der Systematik AGRICOLAs aus dem Jahre 1546, die fast dreieinhalb Jahrhunderte gültig blieb, und der sich daraus entwickelnden Klassifikation A. G. WERNERs von 1787, die zur Grundlage der modernen Geognosie wurde.

Die Behandlung der Eruptivgesteine beginnt mit der einschneidenden Änderung der Untersuchungsmethodik durch die Einführung der mikroskopischen Gesteinsanalyse an Dünnschliffen. Durch sehr subtile Untersuchungen vieler Gesteine gelang es, eine moderne Gesteinssystematik zu entwickeln, die mit E. TRÖGER (1950) abschließt. Dabei trat letztlich neben das Mikroskop die chemische Analyse (und ihre verschiedenen graphischen Darstellungen, z. B. CI PW, oder NIGGLI) gleichberechtigt, z. T. führend.

Genetische Probleme über die Bildung der Eruptiva nehmen einen breiten Raum ein. Von B. v. COTTAs (1842) vertretener Ansicht über die verschiedene altersmäßige Lage der Magmen ausgehend, über ROSENBUSCHs „Ganggesteinsfolge" und E. SUESS' „atlantische und pazifische Reihe", bis zu BECKEs Verschmelzung der Reihen mit seinen „Sippen" (um nur ein paar Begriffe herauszuheben), werden alle wichtigen Ergebnisse interpretiert. Die Silikatchemie hat Gelegenheit, Prozesse zu erklären, die vorher nicht zu deuten waren. So gelang es dann, die verschiedenen Arten der „Differentationen" aufzustellen. V. M. GOLDSCHMIDTs „mineralogische Phasenregel" (1911) ebnete die Bahn für die physikalisch-chemische Betrachtungsweise.

Völlig neuartig ist die Darstellung der Forschungsgeschichte der Sedimentgesteine. Auf 135 Seiten wird ein reichhaltiges Tatsachenmaterial dargeboten.

Die klastischen Sedimente und ihre Bildung wurden (mit Tabellen) sehr ausführlich behandelt. Dieser Teil des Buches ist eigentlich mehr eine recht tiefschürfende „Einführung" in die Probleme dieser Gesteine.

Die moderne Braunkohlenforschung wird kurz gestreift. Hier fehlen eigentümlicherweise viele Ergebnisse der Braunkohlenforschung aus Freiberg.

Die Bitumen- und Erdölbildung historisch auf nur 26 Seiten zu beleuchten, muß ein Experiment bleiben.

Nachdem VOLTZ (1828) das Wort „Fazies" eingeführt hatte, ist es bis heute einer der wichtigsten Begriffe in der Geologie geblieben. Seine Bedeutung für die sedimentpetrographischen Provinzen wird an zahlreichen Beispielen aus allen Faziesbereichen erwähnt mit der Schlußfolgerung, daß trotz aller Bemühungen die Unterlagen vorerst noch nicht zu einer quantitativen Kennzeichnung ausreichen.

ZIRKEL hat 1867 in den Pyrenäen die „Kontaktmetamorphose" beschrieben. Damit begann die Periode der Untersuchung der Kontaktgesteine, die bis zum heutigen Tage dauert.

Den Abschluß des Teiles „Gesteinskunde" bildet das Kapitel „Geochemie". Dieser jüngste Zweig der modernen Geowissenschaft ist auch ihr kompliziertester. Über die Erforschung der Minerale auf Grund chemischer Analysen, die schon PARACELSUS (1526) durchführte, gelangen wir zu SCHÖNBAUM, der erstmals 1838 den Begriff „Geochemie" gebrauchte. Aber erst VERNADSKI hat seit 1880 systematisch in Moskau geochemische Probleme angefaßt, und sein

Schüler A. E. FERSMANN hielt 1912 die erste Vorlesung über Geochemie. Von da an dominieren russische und sowjetische Geochemiker. Es gelang ihnen auf Grund dieser theoretischen Grundlagen, bedeutende Lagerstätten aufzufinden.

Der zweite Teil des Buches ist die Geschichte der Lagerstättenkunde. Er ist in zwei ungleich ausführliche Teile gegliedert.

Ein eigenes Kapitel widmet der Autor der Entwicklung der Lagerstättensystematik, wo Namen wie W. FUCHS (1846), v. COTTA (1859), v. GRODDECK (1879), STELZNER (1904/1906), OBRUTSCHEW (1926), SCHNEIDERHÖHN stellvertretend für die Vielzahl der Forscher hier genannt seien.

Damit ist die allgemeine Einführung in diesen zweiten Teil abgeschlossen.

Der letzte Abschnitt bringt eine breit angelegte historische Betrachtung der bekanntesten Lagerstätten, geordnet nach SCHNEIDERHÖHNs 1952 erfolgten Gliederung. So werden die Lagerstätten der magmatischen Abfolge, die submarinen exhalativ-sedimentären Erzlagerstätten, die Lagerstätten der sedimentären Abfolge und die der metamorphen Abfolge behandelt.

Ein sehr ausführliches Personenregister und ein gutes Orts- und Sachregister helfen, das Buch lesbar zu machen. 31 vortreffliche Abbildungen auf 12 Tafeln machen den Leser mit den wichtigsten Persönlichkeiten bekannt. H. PRESCHER

Hrsg. A. BENTZ

Lehrbuch der angewandten Geologie I

Ferdinand Enke Verlag, Stuttgart 1961. — 1071 S., 468 Abb., 75 Tab., 3 Taf.

Die Herausgabe dieses Lehrbuches entsprach einer Notwendigkeit, nachdem das „Lehrbuch der praktischen Geologie" von K. KEILHACK — mit seiner 4. Auflage, erschienen im Jahre 1921/1922 — den heutigen Anforderungen bei weitem nicht mehr gerecht werden konnte. Dies zeigt sich besonders in der umfangreichen Behandlung der Geophysik als einem unentbehrlichen Hilfsmittel moderner Geologie.

Das in vorliegendem Werk verarbeitete Material stellt eine außerordentliche Fülle praktischen geologischen Wissens dar.

Es ist in gut verständlicher Form mit übersichtlicher Gliederung dargeboten. Der Stoff wird durch reiche Illustrationen, Tabellen und Tafeln einprägsam vorgetragen und bietet eine vorzügliche Quelle für die Bereicherung des leider allzusehr spezialisierten Fachwissens bei den Praktikern, den Lehrern und den Studenten.

Am Abschluß eines jeden Kapitels weist ein ausführliches Verzeichnis auf eine große Zahl grundsätzlicher und wissenswerter Arbeiten des In- und Auslandes hin.

Hier aber tritt ein erheblicher Mangel dieses Werkes zutage, der um so bedauerlicher ist, als gerade uns im Herzen Europas die Aufgabe gegeben sein müßte, die Geologie von Ost und West zu subsumieren. Es fehlen fast sämtliche namhaften sowjetischen Autoren. Wie aber kann man abschließend und verallgemeinernd über die Herstellung von Spezialkarten berichten, ohne die einmaligen Leistungen sowjetischer Kollegen bei der Konstruktion tektonischer Karten, Karten der Strukturgeologie, metallogenetischer Karten, paläotektonischer Karten etc. einzubeziehen.

Namen wie SCHATSKI, SMIRNOW, WOLFSON etc. können einfach nicht unterschlagen werden. Das gleiche gilt für die Behandlung der Sedimente.

Das Außerachtlassen der Arbeiten von RUCHIN und STRACHOW, um nur diese beiden zu nennen, mindert das Niveau eines Werkes, das mit dem Anspruch auf allgemeine Anerkennung angeboten wird.

Im Kapitel der angewandten Geophysik ist mit Genugtuung festzustellen, daß neben der „Gasvermessung" SOKOLOWs auch einige Experten der Deutschen Demokratischen Republik Erwähnung finden, unter ihnen: FANSELAU, LAUTERBACH, NOSSKE, MEISSER.

Allerdings zeigen einige Kartenunterlagen, daß dieses deutsche Lehrbuch, das ja über viele Jahre Bestand haben soll, auf unserem Wissensgebiet geographisch an der Elbe einfach aufhört, als ob jenseits dieses Flusses nicht mit gleichem Ernst und gleicher Gründlichkeit Geologie betrieben würde.

Ein Mangel — man darf sagen typischer Art — ist das völlige Fehlen der für jeden praktisch arbeitenden Geologen so eminent wichtigen Grundlagen der Vorratsberechnungen von Lagerstätten, der Bemusterungsmethoden, der Probenahme und der Klassifizierung. Dies ist ja der eigentliche Kern der Dinge: Man will wissen, „was ist vorhanden". Um einwandfrei Auskunft geben zu können, bedarf man der Untersuchungsmethoden:

Kartierung, Spezialkartierung, Geophysik, Geochemie, Sedimentpetrographie, Gefügekunde, Lithologie, tektonische Analyse, paläogeographische Analyse, Hydrogeologie, Strukturgeologie usw.

Aus diesen und anderen Gründen darf man bei aller Hochachtung vor der wissenschaftlichen Leistung, die in dieser übersichtlichen Arbeit ihren Niederschlag fand, sagen, daß hier ein glänzendes, aber kein vollendetes Werk vorliegt.

Es wird eines Tages umgeschrieben werden müssen unter Einbeziehung der grundsätzlichen Erkenntnisse und Erfahrungen von Wissenschaftlern aus den sozialistischen Ländern.

KAUTER

PILGER, A.

Die Blei-Zink-Erzvorkommen des Ruhrgebietes und seiner Umrandung

(Monographien der Deutschen Blei-Zink-Erzvorkommen Nr. 1, Lief. 3, unter Mitarbeit von C. ANDERSEN, J. HESEMANN, H. JANDER, G. KNEUPER, K. MOHR und F. STOLZE mit Beiträgen von R. ADLER, H. BITZAN, P. MICHELAU, A. PAFFRATH und H. PIETZNER)

Beih. Geol. Jb., 40, Hannover 1961. — 385 S., 20 Taf., 162 Abb., 4 Tab.

Mit der vorliegenden Lieferung 3 wird die erste Monographie über westdeutsche Blei-Zink-Erzvorkommen, welche die Erzvorkommen des Ruhrgebietes und seiner Umrandung behandelt, abgeschlossen. Die Lieferung 1 dieser Monographie gab eine Übersicht über die Lagerstätten dieses Erzbezirkes und beschäftigte sich mit dem Blei-Zink-Erzgang der Zeche „Auguste Victoria" in Marl-Hüls. Die Lieferung 2 behandelte den Erzgang „Christian Levin". In der nun abgeschlossenen Lieferung 3 wird auf die geologisch-lagerstättenkundlichen Verhältnisse des Klara-Ganges in Gladbeck und, abgesehen von der (nachgeholten) mehr mineralogischen Behandlung der Blei-Zink-Erze des Ganges der Zeche „Auguste Victoria", auf die übrigen, nicht bauwürdigen und deshalb weniger bedeutenden Blei-Zink-Vorkommen des Ruhrgebietes eingegangen. Ein abschließendes Kapitel faßt die lagerstättengenetischen Erkenntnisse aller bearbeiteten Vorkommen zusammen. Hierin wird festgestellt, daß sich alle Blei-Zink-Mineralisationen des Ruhrgebietes — sowohl die großen bauwürdigen als auch die kleinen nicht bauwürdigen — ähneln und daß sowohl hinsichtlich der tektonischen Anlage als ganz besonders auch hinsichtlich der Mineralfolge (Generationen bzw. Mineralisationsphasen) alle Vorkommen miteinander parallelisiert werden können. Die Mineralisationsfolge aller Vorkommen läßt sich schematisch zusammenfassen auf: Quarz mit wenig Sulfiden, Ankerit und Siderit — Zinkblende — Kupferkies-Bleiglanz-Quarz und Baryt — Pyrit bzw. Markasit — Kalzit und entspricht somit den aus anderen Lagerstätten bekannten normalen Altersfolgen. Die Mineralisation ist ausgesprochen elementarm. Auch die Spurenelementgehalte der Hauptmineralien sind relativ niedrig.

Beides spricht für geringe Entstehungstemperaturen, die etwa zwischen 250° und $< 100°$ gelegen haben müssen. Bleiglanz der ersten Generation mit etwa 1300 g Ag/t ist stets silberreicher als jener der zweiten Generation, der etwa 200 bis 250 g Ag/t enthält. Wismut fehlt als Spurenelement im Bleiglanz oder ist nur ganz untergeordnet vorhanden; dies ist eine Parallele zu den Harzer Blei-Zink-Vorkommen und steht im Gegensatz zur Blei-Zink-Lagerstätte des Freiberger Erzbezirkes. Obwohl die Verteilung der einzelnen Mineralgenerationen für einen normal ausgebildeten Teufenunterschied spricht, nehmen die Silber- und die Antimongehalte im Bleiglanz einer Generation mit zunehmender Bildungsteufe wider Erwarten ab! Von den Verf. wird auf dieses lagerstättengenetisch nicht leicht deutbare Verhalten nicht eingegangen. Die Sr-Gehalte im Baryt verhalten sich wieder normal, d. h., mit zunehmender Teufe nehmen die Sr-Gehalte im Baryt zu. Der Eisengehalt der Zinkblende ist mit 1,5% im Durchschnitt denkbar gering.

Von den Verf. wird — sicher zu Recht — eine Gleichzeitigkeit bzw. eine rasche Aufeinanderfolge der Spaltenbildung, Spaltenöffnung und Vererzung angenommen. Da die ersten Störungen nur kurze Zeit nach der eigentlichen Ruhrkarbonfaltung gebildet sein sollen, ist die Vererzungsphase in das Ende des Oberkarbon, etwa zwischen Westfal und Stefan, einzuordnen.

Die Herkunft der hydrothermalen Lösungen wird als primär-aszendent bezeichnet. Gegen die im Jahre 1950 vor der eigentlichen montangeologischen Bearbeitung von SEELIGER geäußerte Vorstellung einer deszendenten Herkunft sprechen eindeutig zu viele Belege.

Wie die vorangegangenen Lieferungen, so ist auch die nun vorliegende hervorragend ausgestattet. Gute Mikro- und Makrophotographien erleichtern das Verständnis und dokumentieren das Geschriebene. Die beigegebene Übersichtskarte des Rheinisch-Westfälischen Steinkohlengebirges im Maßstab 1 : 100 000, auf der sämtliche geologisch-strukturellen Daten und alle bekannten Buntmetallvorkommen eingetragen sind, ist beachtenswert. Sie legt beredtes Zeugnis davon ab, daß es sich im Falle der Ruhrgebietvererzung — wie die Autoren selbst anführen — wirklich um ein „mineralisiertes Steinkohlengebirge" handelt. TISCHENDORF

WANZJAN, G. M.

Die metallometrische Bemusterung des Alluviums in der Armenischen SSR

Nachrichten der Akademie der Wissenschaften der Armenischen SSR, Bd. XIII, Nr. 3—4, Jerewan 1960

Neben der metallometrischen Bemusterung eluvial-deluvialer Schichten wurden in den letzten Jahren in einigen Erzbezirken der Armenischen SSR auch metallometrische Aufnahmen des Alluviums vorgenommen. Hierbei untersuchte man die tonig-sandige Fraktion der Ablagerungen von Flußsystemen. Die Probenahme erfolgte in Abständen von 50 bis 100 m; das Gewicht der Probe betrug ca. 50 g. Die unter 0,25 mm Durchmesser liegende Fraktion wurde spektralanalytisch halbquantitativ untersucht.

Verf. beschreibt zwei Gebiete, in denen die metallometrische Bemusterung des Alluviums bessere Ergebnisse lieferte als die übliche Aufnahme der eluvial-deluvialen Schichten.

Im ersten Fall handelt es sich um ein Gebiet in 3000 m Höhe mit einem gut entwickelten hydrographischen Netz. An Gesteinen traten Tuffe und Tuffbrekzien von Porphyriten, ferner metamorphe Schiefer, Kalke und Granodiorite auf. Die Vererzung bestand aus Kupferkies- und Pyriteinsprengungen und -trümern in den Tuffen und Tuffbrekzien. Die metallometrische Aufnahme des Alluviums wies einen neuen Dispersionshof nach, den die übliche Methode bisher nicht erfassen konnte.

Im zweiten Fall handelte es sich um ein Gebiet in einer Höhe von 2000 bis 2800 m, ebenfalls mit gut ausgeprägtem hydrographischem Netz. Die auftretende Kupfer- und Kupfer-Molybdän-Vererzung ist an den Kontakt zwischen Porphyriten und Granodioriten gebunden. In einem Teil dieses Gebietes versagte wiederum die übliche metallometrische Methode, offensichtlich infolge der zu starken Überdeckung (über 10 m).

Verf. empfiehlt eine weitergehende Anwendung der metallometrischen Untersuchungen des Alluviums in den Hochgebirgsgebieten der Armenischen SSR. W. OESTREICH

DJATSCHENKO, M. G. & A. J. CHATUNZEWA

Zur Mineralogie und Geochemie des Verwitterungsprozesses von Ilmenit

Ber. Akad. Wiss. UdSSR, 132 (1960), 2, S. 435—438

Die Verwitterungsprodukte des Ilmenits werden chemisch, röntgenographisch und thermoanalytisch an 10 verschiedenen Varietäten von Leukoxen sowie mehr als 25 Proben von Ilmenit verschiedener Umsetzungsgrade untersucht.

Ilmenit wird unter dem Einfluß intensiver chemischer Verwitterung, z. B. in Kaolinen oder in Zonen, die durch organische Säuren beeinflußt sind, oxydiert und hydratisiert. Die dreiwertigen Eisenionen werden weggeführt, Titandioxyd dagegen reichert sich an.

Es kommt zunächst durch Wasseraufnahme zur Bildung eines hydratisierten Ilmenits. Im weiteren Verlauf des Prozesses wird das Kristallgitter des Ilmenits zerstört. Es bildet sich eine in der Hauptsache amorphe Substanz, die mit dem von PALMER (1937) beschriebenen Arizonit Ähnlichkeit hat und für die die Formel $Fe_2O_3 \times n\, TiO_2 \times m\, H_2O$ zutreffen kann (n zwischen 1 und 2, m zwischen 3 und 5). Im 3. Stadium entsteht Leukoxen, worunter Verf. ein festes Hydrogel des TiO_2 (mit wechselndem, gewöhnlich kleinem Gehalt an H_2O) verstehen.

Zwei Diagramme demonstrieren die chemische Selbständigkeit der genannten Substanzen.

Es wird angenommen, daß der Leukoxen als typisches Gel unbeständig ist, unter bestimmten Bedingungen während des Alterungsprozesses Wasser abgibt und schließlich als TiO_2-Mineral, z. B. Rutil, Anatas oder Brookit auskristallisiert.

Die Ansicht, daß unter dem Namen Leukoxen ein amorphes, wasserhaltiges TiO_2 verstanden wird, vertritt auch KERR (1959).

Autoren anderer mineralogischer Lehrbücher (RAMDOHR, MACHATSCHKI, STRUNZ, WINCHELL) verstehen dagegen unter dem Begriff Leukoxen Aggregate winziger Ti-Minerale, jedenfalls kein selbständiges Mineral.

Um zukünftige Irrtümer zu vermeiden, sollten Verf. beim Nachweis eines neuen Minerals, dessen Eigenschaften noch vollständig zu beschreiben wären, auch einen neuen Mineralnamen wählen. DIENER

FESTER, G. A., C. A. GORDILLO & J. A. RETAMAR

Beziehungen zwischen Uran und organischer Substanz

„Erdöl und Kohle, Erdgas, Petrochemie", Jg. 14 (1961), H. 5, S. 333—334

Die Verf. beschreiben asphaltartige Substanzen aus der in der argentinischen Provinz Mendoza gelegenen Uranlagerstätte des Cerro Huemul. Diese treten in kontinentalen Sandsteinen der Oberen Kreide auf, die mit Uran- und Kupfererz sowie bituminösem Material imprägniert sind. Der U_3O_8-Gehalt beträgt im Mittel 0,5%. Aus dem U-, Pb- und Th-Gehalt wird auf oligozäne Abscheidung des Urans geschlossen. Ähnlich wie im nordamerikanischen Colorado-Plateau ist mit dem epigenetischen Charakter der Mineralisierung zu rechnen. Ungelöst bleibt die Frage nach der Herkunft der uranhaltigen Lösungen. LANGE

MEUNIER, H.

Maintien de pression par injection d'eau dans le gisement de Parentis

„Revue de l'Inst. Franç. du Pétr. Paris", Jg. XV (1960), Nr. 12, S. 1759—1767

Die Lagerstätte Parentis, auf einer Antiklinalstruktur, hat Speicher in einem gering permeablen Kalk (Apt) und in klüftigen und kavernösen Dolomiten (Neokom bis Jura). Das Öl ist untersättigt und wird durch Wassertrieb gefördert. Da der Druck stark abgefallen war, wurde eine Wasserinjektion zur Druckerhaltung durchgeführt. In der Arbeit werden die theoretischen Vorarbeiten, die Entwicklung des Programms, Versuchsarbeiten und das Injektionswasser und seine Behandlung beschrieben. Nach der Anlaufzeit wurden die theoretischen Grundlagen mit einem elektrischen Analysator erneut erarbeitet und das Projekt zu einem erfolgreichen Abschluß gebracht. MEINHOLD

DACHNOW, W. N. & L. P. DOLINA

Geophysikalische Methoden der Untersuchung erdöl- und erdgasführender Speichergesteine

Gostoptechisdat, Moskau 1959. — 268 S., 124 Abb., 4 Tab., 77 Lit., Halbleinen

Eine mehrseitige Einleitung befaßt sich mit den Erfolgen und dem großen ökonomischen Wert der geophysikalischen Bohrlochmeßarbeiten, die Kernmärsche einsparen und bei bekannten Strukturen gesteinsphysikalische Parameter genauer als langwierige Laboruntersuchungen zu bestimmen gestatten. In Kap. 1 werden die verschiedenen Meßmethoden zur Ausgliederung von Speichergesteinen erläutert, wobei — charakteristisch für das gesamte Werk — Vorzüge, Nachteile bzw. Fehlerquellen und Grenzen der einzelnen Methoden angegeben werden. Ein Kapitel über die Bestimmung des spezifischen Widerstandes der Schichtwässer nach a) elektrischen Messungen (3 Verfahren), b) Eigenpotentialmessungen (2 Verfahren, die an Meßdiagrammen, Nomogrammen und durchgerechneten Beispielen mit Fehlerbestimmung erläutert werden) schließt sich an. Besonders ausführlich (über 100 Seiten) werden die Möglichkeiten zur Porositätsbestimmung behandelt: Nach theoretischen Untersuchungen über den Zusammenhang von Formationsfaktor und Porosität und deren Vergleich mit praktischen Ergebnissen werden Porositätsbestimmungen nach SBS-Messungen, nach Mikrolog (2 Verfahren), nach Messung mit der Kalksteinsonde, nach SP-Messung (3 Verfahren) und nach radiometrischen Verfahren (Neutronen-Gamma-Messung mit Tonkorrektur und verschiedenen Methoden je nach Lithologie, Neutronen-Gamma-Messung mit verschiedenen Eindringtiefen, Neutron-Neutron-Messung, Gamma-Gamma-Messung, Gamma-Messung, Anwendung von Isotopen) eingehend erläutert.

Einem kurzen Kapitel über die Berechnung der Tortuosität aus Bohrlochmessungen schließen sich Verfahren zur Permeabilitätsbestimmung nach elektrischen und SP-Messungen mit Fehlerbetrachtungen und Vergleichen mit Laboruntersuchungen an Kernen an. Kap. 6 erläutert Tongehaltsbestimmungen von Speichergesteinen nach Messungen des Eigenpotentials (2 Verfahren) oder der natürlichen Gammastrahlung, angenähert auch nach Widerstandsmessungen und nach der Methode der Potentiale durch hervorgerufene Polarisation. Die letzten drei Kapitel befassen sich mit der Ausgliederung von öl- und gasführenden Gesteinen nach verschiedenen Methoden und in komplexer Darstellung, der Bestimmung der Sättigungswerte und der Vorratsberechnung nach geophysikalischen Meßwerten.

Auch hier sind wieder die zahlreichen erläuternden Abbildungen, die Auswertungsmöglichkeiten nach komplexen Diagrammen, die Herausstellung der Vorzüge und Nachteile der einzelnen Verfahren, die Rechenbeispiele und Fehlerbetrachtungen hervorzuheben.

Das gesamte Buch, das auch Erkenntnisse und Nomogramme der Fachkollegen des westlichen Auslands über Porositätsbestimmung und Berechnung der Öl- bzw. Gassättigung anführt, stellt ein äußerst wertvolles Handbuch für den Interpretator von Bohrlochmessungen dar und dürfte auch durch die klare und stets begründete Darstellungsweise für andere bohrlochgeophysikalisch interessierte Personenkreise, z. B. Geologen, wichtig sein. WECK

KAUFMANN, A.

Erfahrungen beim Wasserfluten in der Flysch-Lagerstätte des Ölfeldes Neusiedl

„Erdölzeitschrift", Jg. 77 (1961), S. 326—336

Verfasser beschreibt mit guter Sachkenntnis und Gründlichkeit ein großes Flutungsobjekt an der Öllagerstätte Neusiedl, einem alten Flyschrücken im Wiener Becken. Einer geologischen Übersicht folgen ausführliche Teile über Lagerstättenmedien, physikalische Parameter, Produktionsunterlagen der Primär- und der Sekundärphase, eine eingehende Schilderung der Präparation des Injektionswassers und schließlich der Ablauf des Programms.

Die Gesamtrechnung ergibt, daß praktisch 1958 mit einer Ausbeute von nur 13% des initialen Ölinhalts = 2,83 Mill. t das Ende der Primärförderung eingetreten wäre.

Bis Anfang Juni 1961 sind nun 3,16 Mill. t = 14,4% des gesamten Ölinhalts entnommen worden, womit also bis dahin 330 000 t an sekundärem Öl gefördert worden sind.

Die Gesamterwartungen für die nächsten Jahre belaufen sich auf ca. 700 000 t, wobei als Produktionsende die Förderung von 1 t pro Tag angenommen wurde. Demnach würde die kumulative Produktion 3,86 Mill. t = 17,6% des initialen Ölinhalts ausmachen. Damit wären 1 Mill. t Erdöl sekundär gefördert worden. KAUTER

GOLDBINDER, A. I. & A. P. OSTROWSKI

Experimentelle Versuche mit Sprengbohren

„Raswedka i ochrana nedr", Nr. 6, 1959

Auf der Suche nach neuen Bohrverfahren beschäftigen sich die sowjetischen Bohrtechniker seit einiger Zeit mit dem sogenannten Sprengbohren.

Beim Abteufen von Bohrlöchern tritt an die Stelle einer Gesteinszerstörung durch ein herkömmliches Bohrwerkzeug die vielfach sich wiederholende Sprengwirkung eines Brisantsprengstoffes, die einen ständigen Spannungswechsel im Gestein hervorruft. Die abgesprengten Gesteinsteilchen werden durch die Spülung aus dem Bohrloch befördert.

Bei Versuchen in einer Erkundungsbohrung auf Erdöl in den devonischen Ablagerungen des Kuibyschewer Gebietes wurden in sehr festen und verkieselten Kalken in einer Teufe von mehr als 2500 m bei jedem Bohrmarsch bis zu 20 m bei einer mechanischen Bohrgeschwindigkeit von 0,6 m/h durchteuft. Als Vergleich sei ein mittlerer Bohrmarsch von 3 m mit einem 3-Kegelrollenmeißel bei einem mechanischen Bohrfortschritt von 0,15 m/h erwähnt. Im gleichen Gebiet wurden in festen Gesteinen in Teufenbereichen bis zu 1800 m mit der Sprengbohrmethode Bohrmärsche bis zu 100 m erreicht.

Bei Versuchen in Bohrlöchern lassen sich jedoch eine Reihe von Erscheinungen, die den Abteufvorgang betreffen, nicht verfolgen, so daß man dazu überging, experimentelle Untersuchungen an Modellen anzustellen. Hierbei wurde bei entsprechenden, in Betonblöcken eingegossenen Gesteinsproben die Sprengwirkung erforscht. Der Verfasser beschreibt diese unter verschiedenen Bedingungen durchgeführten Versuchsreihen. Mehrere Zeichnungen und Tabellen ergänzen die Ausführungen.

BAER

COWAN, J. C.

New Drilling Mud

„The Oil and Gas Journal", Vol. 57 (1959), Nr. 45, S. 83—87

Die gewöhnlichen Schutzkolloide der Spülungen werden bei ca. 200° C inaktiv, die Viskosität der Spülung nimmt ab, die Wasserabgabe wird hoch, während sich andere Bestandteile verfestigen. Die wichtigste Aufgabe bei hohen Temperaturen ist die Kontrolle der Wasserabgabe und die Erhaltung der rheologischen Eigenschaften. Die Erhöhung der Wasserabgabe hat ihren Grund in Polymerisation, Depolymerisation und Aufbrechen der langen Molekülketten der Schutzkolloide. Stärke bricht bereits bei 150° C zusammen, wobei Dextrine und andere Stoffe gebildet werden. CMC-Produkte zersetzen sich bei ca. 300° C, wobei in Gegenwart von mehrwertigen Ionen die Molekülketten gespalten werden, ein Vorgang, der z. T. reversibel ist. Damit steigt auch die Wasserabgabe. Die Erhöhung der Viskosität des Filtrates verursacht höhere Permeabilität des Filterkuchens für Spülungsfiltrat. Bei kalkbasischen Spülungen treten bei hohen Temperaturen feste Verbindungen auf, da Kalk und Natronlauge mit Si und dem Ton reagieren und Silikate bilden; dieser Vorgang kann allerdings bei pH-Werten zwischen 7 und 9 stark eingeschränkt werden. Ein anderer viskositätsändernder Vorgang ist die Wasseranlagerung an Tonmineralien. Bisher wurden für höhere Temperaturen gern oberflächenaktive Systeme verwendet mit nichtionischen, oberflächenaktiven Stoffen wie: Oxyethyl-Phenole oder Oxyethyl-Nonyl-Phenole. Mit löslichen Salzen wirken diese Stoffe gegen die Dispersion der erbohrten Tone. Die Viskosität und Gelstärke sind hoch, die gewöhnlichen Viskositätsregler und CMC-Produkte sind aber nicht anwendbar und verschlechtern die Fließeigenschaften stark.

Derartige Spülungen können aber nach den Untersuchungen des Verfassers durch Behandlung mit Braunkohle und Soda in thermostabile Systeme umgewandelt werden. Er benutzt als Grundspülung eine Gipsspülung, zu der weiter Ferrochrom und Lignosulfat zugegeben werden, bis ein pH-Wert von 7 bis 8 erreicht ist. Dazu kommen 0,6 bis 1,8 kg wasserlösliches Oxyethyl-Phenol auf 100 kg Spülung, je nach Feststoffgehalt. Dann wird mit NaCl ausgesalzen, um die Salzkonzentration auf etwa 15 000 bis 20 000 ppm zu bringen, und Soda zur Enthärtung zugegeben. Es folgen 1,5 bis 4 kg Braunkohle auf 100 kg Spülung, 75 bis 600 g Natronlauge und Soda, um den pH-Wert auf 8,5 bis 9,5 zu erhöhen. Günstig ist die Zugabe von 8—10% Öl vor den oberflächenaktiven Stoffen. Beim Bohrvorgang aufgenommene Gesteinsteile müssen zentrifugiert werden.

Als Beispiel für die Werte einer Spülung vor und nach der Behandlung ist eine Gips-Ferrochrom-Lignosulfat-Spülung angeführt, die mit folgenden Mitteln behandelt wurde: 8 lb. pro bbl. wasserlösliches Oxyethyl-Phenol, 2,4 lb. NaCl, 3 lb. Natriumkarbonat, 10 lb. Braunkohle, 0,5 lb. NaOH (1 bbl. Spülung ist ungefähr 170 kg, 1 lb. = 0,454 kg).

Spülungswert	vor Behandlung	nach Behandlung
Wasserabgabe bei 177° C, ml/30 min	35	6,5
„ „ 204° C „ „	46	8,0
„ „ 232° C „ „	78	10,0
pH	9,1	9,5
Viskosität, cP	42	54

Die Untersuchungen wurden in Hochdruck- und Hochtemperatur-Filterpressen durchgeführt, die eine Abänderung des Baroidgerätes darstellen. MEINHOLD

COLE, W. F. & N. M. ROWLAND

An Abnormal Effect in Differential Thermal Analyses of Clay Minerals

„Am. Mineral.", Vol. 46 (1961), S. 304—312

Bei starker Reduzierung einer Probenmenge durch Mischung mit inertem Material wurden im Temperaturbereich unter 200° C von den Verfassern und anderen Forschern bei

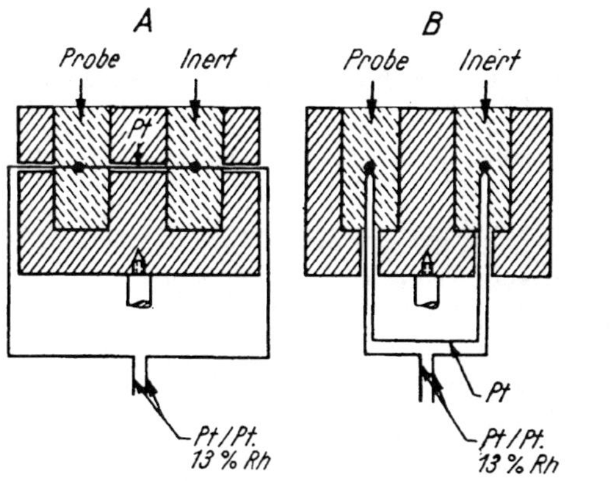

Abb. 1. DTA-Apparatur mit radial angeordneten Thermoelementen nach CARTHEW & COLE (1953) (links) und mit bekannter axialer Anordnung (rechts)

Vermiculiten abweichende DTA-Effekte erhalten. Die DTA-Kurven waren nicht mehr einander identisch, das endotherme Maximum der Dehydratation war verschoben. Die Ursachen für diese Abweichungen werden in der vorliegenden Arbeit geklärt.

Danach sind zur Erzielung des anomalen Effektes folgende Bedingungen notwendig: Die Thermoelemente müssen radial und nicht axial angeordnet sein (Abb. 1), die Probebehälter dürfen durch keinen Deckel verschlossen sein, die Probemenge muß 25% der Menge unterschreiten, die zum Füllen des Probebehälters notwendig wäre.

Bei Einhaltung dieser Bedingungen wird der Effekt bei Vermiculit, Halloysit, Na-Montmorillonit sowie Gips beobachtet.

Die unterschiedlichen Ergebnisse mit den zwei DTA-Apparaturen ließen vermuten, daß die geometrische Anordnung der Thermoelemente zur Probe eine Rolle spiele. Systematische Versuche bestätigen dieses. Die Proben wurden wechselweise unter und über dem radial angeordneten Thermoelement erhitzt. Die Summenkurve aus den beiden erhaltenen Einzelkurven gleicht der Kurve, die bei statistischer Verteilung der kleinen Probenmenge erhalten wird (Abb. 2). Die Entwässerung setzt also im Probenbehälter nicht an allen Stellen gleichzeitig ein. Bei kleinen statistisch verteilten Proben kann dieser Effekt von der Apparatur gerade noch getrennt werden. Bei axialer Anordnung der Thermoelemente läßt die Wärmeleitfähigkeit der zur Lötstelle führenden Drähte keine Temperaturschichtung innerhalb der Probe zu. Auch ein Deckel, der das sofortige Entweichen des Wasserdampfes verhindert, wirkt ausgleichend. Für Halloysit konnte zusätzlich noch der Einfluß der Hydratation auf das Kurvenbild gezeigt werden.

Ein weiteres Ergebnis der Untersuchungen ist, daß nur ein geringer Teil der über dem Thermoelement befindlichen Probe einen Beitrag zur Kurve liefert. Unabhängig von der Anordnung der Thermoelemente braucht also ein Probenbehälter nicht bis obenhin gefüllt zu werden.

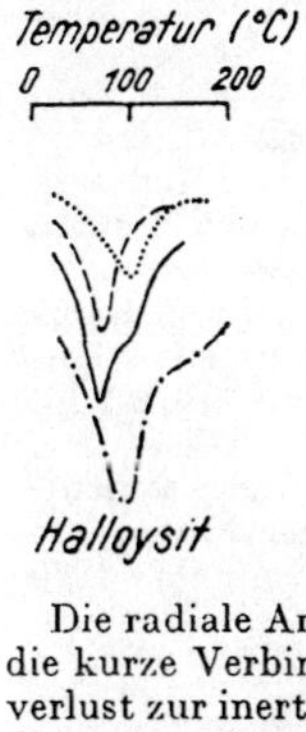

Abb. 2. Aufnahme bei radialer Anordnung der Thermoelemente

---- 1/4 Probe, mit Aluminiumpulver gemischt, Probe oberhalb vom Thermoelement (1)
.... 1/4 Probe, mit Aluminiumpulver gemischt, Probe unterhalb vom Thermoelement (2)
—— Summenkurve aus (1) und (2)
—·—· 1/2 Probe, mit Aluminiumpulver gemischt, über den ganzen Probebehälter verteilt

Die radiale Anordnung der Thermoelemente bedingt durch die kurze Verbindung miteinander einen starken Wärmeleitverlust zur inerten Probe. Trotz dieses kleinen Nachteiles hat diese Anordnung neben der einfachen Zentriermöglichkeit einen großen Vorzug: Durch Schichtung mit inertem Material kann mit einer sehr kleinen Probenmenge gerade die Lötstelle des Thermoelements umhüllt und so eine vollwertige DTA erzielt werden. K. STEINIKE

RICHTER, K.

Über Perlite unter besonderer Berücksichtigung isländischer Vorkommen

,,Dtsch. Geol. Ges.'', Bd. 112 (1960), S. 197–207

Nach einleitenden Hinweisen auf die historische Entwicklung der Perlitindustrie sowie der Produktion und den Verbrauch von Perlit in den USA werden Mineralogie und Petrographie des Perlits dargestellt und Beiträge zu den Ursachen von Blähbarkeitsunterschieden geliefert. Speziell am Beispiel zweier isländischer Vorkommen werden sein Auftreten in der Natur sowie die verschiedenen Qualitäten des Rohstoffs innerhalb einer Lagerstätte behandelt. Einige gute Aufnahmen von isländischen Perliten ergänzen die Ausführungen. Auch einige andere europäische Vorkommen werden erwähnt. Im Schlußkapitel sind die zahlreichen praktischen Verwendungsmöglichkeiten des Rohstoffs zusammengestellt.

DRESSEL

SCHWIETE, H.-E.

Ein zweites Steinzeitalter?

(Gesteinshüttenkunde früher und heute)

Arbeitsgemeinschaft für Forschung des Landes Nordrhein-Westfalen, Westdeutscher Verlag — Köln und Opladen 1961. — 78 S., 61 Abb.

Unter diesem etwas eigenartigen Titel bringt Prof. Dr. HANS-ERNST SCHWIETE, Aachen, einen sehr interessanten Überblick über die jüngste Entwicklung der ,,Gesteinshütten-Industrie'' vornehmlich im Lande Nordrhein-Westfalen. Unter diesem Begriff, der etwa 30 Jahre alt sein dürfte, sind alle Industrien, Forschungszentren und Fertigungsstätten der Industriezweige ,,Steine und Erden'', ,,Feinkeramik'', ,,Glasindustrie'' und ,,Email-Industrie'' zusammengefaßt.

Statistiken, Tabellen und zahlreiche geschmackvoll ausgewählte Bilder unterstreichen die beachtliche Aufwärtsentwicklung dieser Produktion und dieser Produkte in allen Bereichen des menschlichen Lebens. Natürlich ist die Frage nach dem anbrechenden zweiten Steinzeitalter nicht unter Ignorierung der beachtenswerten Entwicklung der mannigfachen Kunststoffe und der Atomenergie gestellt. Verf. will vielmehr damit andeuten, daß die Erzeugnisse der ,,Gesteinshütten-Industrie'' das Fundament abgeben für jene, mit denen sie in jedem einzelnen Falle immer wieder eng verknüpft sind. Das eine ist ohne das andere nicht denkbar. In diesem Sinne verdient diese kleine Broschüre Aufmerksamkeit.

KAUTER

SCHÄFER, W.

Chemie in Theorie und Praxis

Theoretisches und praktisches Werkzeug für die chemische Arbeit

VEB Fachbuchverlag, Leipzig 1961, 3. erw. u. verb. Aufl. — 436 S., 164 Abb., viele Tab.; 6,80 DM

Der erste Band dieses dreibändigen Werkes, der im Gegensatz zu den beiden anderen Bänden (Bd. II: Anorganische Chemie und Bd. III: Organische Chemie) die allgemeine Chemie behandelt, liegt dem Leser nun in der dritten Auflage erweitert und verbessert vor.

In der Neuauflage berücksichtigte der Autor die Empfehlungen aus den Fachkreisen und nahm aus dem Band II die Kapitel ,,Diffusion, Osmose, Gefrierpunkte und Siedepunkte von Lösungen, Kolloide, Elektrochemie und Maßanalysen'' nach dem Band I herüber, da deren Probleme vorwiegend physikalisch-chemischer Art sind und damit zur allgemeinen Chemie gehören.

Dem Autor kann auch in dem vorliegenden Band bestätigt werden, daß es ihm in vortrefflicher Weise gelungen ist, das chemische Geschehen in Natur und Technik in betont anschaulicher und gut verständlicher Form darzulegen. Davon legen u. a. die 164 Abbildungen und die vielen Tabellen Zeugnis ab. Besonders hervorzuheben ist auch der umfangreiche Anhang (70 Seiten). In ihm werden u. a. Fachausdrücke (Anhang II) erklärt und die Lebens- und Leistungsdaten großer Wissenschaftler (Anhang I), die sich um die Weiterentwicklung der Chemie verdient gemacht haben, mitgeteilt. Ref. findet das bemerkenswert, weil gerade die Geschichte der Chemie in den Fachbüchern im allgemeinen nur wenig berührt wird.

Das vorliegende Werk kann allen, die sich mit chemischem Denken und Arbeiten vertraut machen wollen, empfohlen werden.

UNGETHÜM

Bericht über das 1. Ländertreffen des Internationalen Büros für Gebirgsmechanik, Leipzig, 3.—7. November 1959

Abh. Deutsch. Akad. Wiss. Berlin, Klasse für Bergbau, Hüttenwesen und Montangeologie, Nr. 1, 1961, Akademie-Verlag, Berlin 1961

In der Zeit vom 3.—7. November 1959 fand in Leipzig das 1. Ländertreffen des Internationalen Büros für Gebirgsmechanik statt. Die Veranstaltung war von der Sowjetunion, der Volksrepublik Polen, der ČSSR, der Volksrepublik Ungarn, der Volksrepublik Bulgarien, von Großbritannien, Belgien, Frankreich, Österreich, Schweden und Westdeutschland beschickt.

Dieses 1. Ländertreffen hatte den Zweck, einen Überblick über den Stand der Forschungen auf dem Gebiete der Gebirgsmechanik in der Welt zu geben. Der Bericht über dieses Ländertreffen liegt nun vor. Er umfaßt acht Berichte über Methoden zur Messung von Verformungen und Spannungen sowie über Gerätetechnik. Die Diskussion, die in dem vorliegenden Band bis ins Einzelgehende festgehalten ist, bringt Beiträge der Beteiligten zu Modellversuchen im Schlierenbild und zur Methodik der Messung von Verformungen und Spannungen. In einem eingehenden Arbeitsprogramm werden die Arbeiten für 1960 festgelegt. Der Band enthält weiter einführende Berichte zu den Exkursionen nach dem VEB Kaliwerk ,,Karl Liebknecht" in Form dreier Beiträge, die sich mit der Geologie, mit den markscheiderischen Unterlagen und dem Verlauf der Exkursion beschäftigen.

Mit dem vorliegenden Band erscheint zum ersten Mal wieder nach langer Unterbrechung ein Werk, das den neuesten Stand der gebirgsmechanischen Forschung erkennen läßt. Seit dem 1. Ländertreffen haben bereits weitere derartige Veranstaltungen stattgefunden, über die jeweils ebenfalls Berichte veröffentlicht werden. Der vorliegende Band über das 1. Ländertreffen ist also der 1. Band einer Reihe, die laufend über den Stand und die Fortschritte auf dem Gebiete der Gebirgsmechanik unterrichtet. Es erscheint überflüssig, darauf hinzuweisen, daß diese wertvollen Arbeiten für bergmännische, geologische und ähnlich geartete Wissenschaftszweige von hervorragender Bedeutung sind.

A. Watznauer

Neuerscheinungen und Literaturhinweise

Alekseјew, F. A. u. a.
Kerngeophysik bei der Prospektion nutzbarer Bodenschätze
Gostoptechisdat, Moskau 1960

Gurwitsch, I. I.
Seismisches Schürfen
Gostoptechisdat, Moskau 1960

Denisow, N.
Ingenieurgeologie
Moskau 1960

Isakson, S. S.
Die Methodik der Vorratsberechnung von Kohlenlagerstätten
Gosgortechisdat, Moskau 1960

Wiktorow, S. W.
Grundlagen der anzeigenden Geobotanik
Gosgeoltechisdat, Moskau 1961

Nachrichten und Informationen

Erfolgreiche Lagerstättensuche in China

In den letzten 12 Jahren sind von den geologischen Forschungskollektiven der Volksrepublik China Lagerstätten mit 100 Mrd. t Kohle und fast 15 Mrd. t Eisenerz neu erkundet worden. Gleichzeitig wurden bedeutende Lagerstätten von Stahlveredlern aufgefunden. Seit 1948 wurden für die geologischen Sucharbeiten 6 Mrd. Yüan, davon allein fast 3,4 Mrd. seit 1958, bereitgestellt.

Mit den Sucharbeiten stieg die Zahl der niedergebrachten Bohrmeter 1960 auf 10 Mill.

Die Eisenerzlager von Tajeh bei Wuhan in der Provinz Hupeh und von Pastou in der Inneren Mongolei erwiesen sich im Verlauf der geologischen Untersuchungen als weit ergiebiger, als früher angenommen wurde. Außerdem stellte sich heraus, daß entgegen früheren Behauptungen nicht nur der Norden und der Nordosten Chinas Eisenerz besitzen. Auf Grund erfolgreicher Schürfungen haben jetzt bereits fast alle Provinzen des weiten Landes eine bis zwei Eisenerzgruben, die über Vorräte von je 100 bis 200 Mill. t wertvollen Rohstoffes verfügen.

Das Auffinden von weiteren Lagerstätten seit 1949 an Kupfer, Aluminium, Blei, Zink, Nickel, Chrom, Quecksilber, Borax, Kali, Glimmer und Asbest vervollständigen die Grundlage für die weitere Industrialisierung Volkschinas beträchtlich. Chinas Lagerstätten an Wolfram und Zinn gehören zu den größten der Welt. Ein großes Molybdänlager wurde in den Jahren 1955—1956 an der Grenze der Provinzen Schensi und Honan gefunden. 1958 bestanden nur sechs geologische Zentren in der Volksrepublik. Trotzdem waren die großen Erkundungserfolge möglich, weil man begeisterte Laien in Schulklassen ausgebildet hatte, die sich ihre wesentlichen Kenntnisse bei der praktischen Arbeit aneigneten.

Jetzt bestehen 28 geologische Zentren mit zahlreichen Zweigstellen. In den geologischen Instituten in Peking, Tschangtschun und Tschengtu werden qualifizierte Geologen und an 20 geologischen Fachschulen Geologieingenieure ausgebildet. Bis 1961 hatten 10000 Geologen und ca. 30000 Geologieingenieure die Hoch- und Fachschulen absolviert. Sowjetische, ungarische und polnische Spezialisten leisteten wertvolle Hilfe.

E.

Der Bergbau im dritten Fünfjahrplan der Indischen Union

Während der erste indische Fünfjahrplan seine Schwerpunkte in der Entwicklung der Landwirtschaft hatte, der zweite dagegen im Ausbau der Industrie, sollen im dritten Fünfjahrplan vom 1. 4. 61 bis 31. 3. 1966 Landwirtschaft und Industrie in annähernd gleichem Maße vorangebracht werden.

Mit Hilfe vor allem der Sowjetunion und auch der anderen Länder des sozialistischen Weltlagers bei der geologischen Erkundung von Erdöl-, Erdgas- und Erzlagerstätten, beim Bau von Eisen- und Stahlwerken, Zementfabriken usw. hat die Indische Union in den letzten Jahren bei der Erreichung der Planziele beachtliche Erfolge erzielt.

Wie aus dem Bericht des ,,Indian Bureau of Mines" hervorgeht, war z. B. das Jahr 1960 ein Rekordjahr für die Mineralproduktion der Indischen Union. So erreichte die Eisenerzförderung 1960 eine Spitzenleistung von 10,68 Mill. t.

Auch die Förderung von Bauxit erreichte mit 384000 t im Jahre 1960, das sind 70% mehr als im Vorjahr, ihren bisherigen Höchststand.

Die Chromiterzförderung überstieg 1960 zum ersten Male die 100000-t-Grenze.

Die Förderung von 3,44 Mill. t Salz und 29003 t Rohglimmer lag 1960 ebenfalls höher als im Vorjahr.

Große Anstrengungen wurden gemacht, um die Eisen- und Stahlproduktion Indiens zu erhöhen. Bekanntlich wurden mit ausländischer Hilfe drei große Stahlwerke errichtet: Bhilai von der UdSSR, Durgapar unter englischer und Rourkela unter westdeutscher Mithilfe. Am Ende des zweiten Fünfjahrplans hoffte die indische Regierung, die Rohstahlproduktion auf 4,5 bis 6 Mill. t zu erhöhen. Dieses Ziel wurde nicht erreicht, weil die von englischen und westdeutschen Monopolen erbauten Stahlwerke in ihrer Produktion unter den versprochenen Leistungen blieben. Im Jahre 1960 produzierten z. B.

Bhilai 982000 t Roheisen und 34700 t Stahl,
Rourkela 580000 t Roheisen und 280000 t Stahl.

Trotzdem stieg die Produktion von fertigem Stahl von 1,8 Mill. t 1959 auf 2,2 Mill. t 1960. Die Erzeugung von Roheisen betrug 1960 4,2 Mill. t.

Die für die Stahlproduktion benötigten Rohstoffvorkommen (Eisenerz, Kokskohle, Kalkstein usw.) konzentrieren sich in Indien vor allem in Westbengalen, Bihar, Orissa und im östlichen Madhja Pradesh.

Daher ist die Anzahl der geeigneten Werkstandorte für die Stahlwerke in diesen Rohstoffbereichen begrenzt und konzentriert sich auf die obengenannten drei Werke, die neuen „Regierungs"-Werke von „Tata" und die „Indian Iron" von Mysore. Mit diesen Werken soll die indische Stahlproduktion 1965 eine Kapazität von 10 Mill. lg. ts, 1970 von 19 Mill. lg. ts und 1975 28 Mill. lg. ts erreichen. Die hierfür veranschlagten Reserven von 20000 Mill. lg. ts an Eisenerz mit durchschnittlich 62% Fe-Gehalt werden ungefähr 100 Jahre reichen, das Manganerz (60 Mill. lg. ts) ungefähr 50 Jahre, die Kokskohle (etwa 1600 Mill. lg. ts) ungefähr 35 Jahre und der Kalkstein (100 Mill. lg. ts) ungefähr 15 Jahre.

Ein Hauptrohstoffproblem der Stahlindustrie ist der hohe Aschegehalt von durchschnittlich 24% der indischen Kohle. Er dürfte sich mit fortschreitendem Abbau noch erhöhen. Auch in der Versorgung mit Kalkstein werden die Stahlwerke mit immer längeren Transportwegen rechnen müssen, was die Kosten des Roheisens erhöhen dürfte.

Ein erheblicher Engpaß der indischen Wirtschaft ist gegenwärtig noch die Kohlenproduktion. Obwohl die jährliche Kohlenförderung während des zweiten Fünfjahrplans von 38,2 auf 54,6 Mill. t stieg, bremst der Kohlenmangel immer noch das Wachstum der Industrieerzeugung. Die sich im NE des Landes befindlichen größten Kohlevorkommen bedürfen wegen der bis zu 30 m mächtigen Flöze einer besonderen Abbautechnik und eines erheblichen Sandversatzes.

Die Produktion von Aluminium soll bis 1962 verdreifacht werden. Die gegenwärtig bekannten Vorkommen an Aluminiumrohstoffen in Indien erlauben es, bei einer Jahresproduktion von 500000 t Aluminium etwa hundert Jahre zu produzieren. Mitte 1961 wurde der Grundstein für ein neues großes Aluminiumwerk in Metur (Madras) mit einer Jahreskapazität von 10000 t gelegt. Als Rohmaterial werden vor allem die Aluminiumerze der Vorkommen in den Shevoroy Hills bei Salem verwendet und nach einem neuen technischen Verfahren (nach MONTECATINI) verarbeitet. Den Strom liefert das Wasserkraftwerk am Metur-Reservoir. Weitere zusätzliche Aluminiumrohstoffe sind in der Nähe des neuen Aluminiumwerkes vorhanden.

Während man Indiens zweiten Fünfjahrplan häufig einen „Stahlplan" nannte, wird der dritte Fünfjahrplan, der bis 1966 läuft, ebensooft ein „Ölplan" genannt.

Die gegenwärtig aussichtsreichsten Ölgebiete Indiens liegen im Staate Gujarat und in Assam. Mitte 1961 hat die staatliche Oil and Natural Gas Commission (ONGC) mit der Förderung von Erdöl aus dem von ihr entdeckten Ölgebiet von Ankaleshwar im Staate Gujarat begonnen. Das dortige Erdöl wurde von Sachverständigen als das beste bisher in Indien gefundene bezeichnet.

Ein weiteres neues Ölfeld von beträchtlichem Ausmaß wurde von der ONGC mit Unterstützung durch sowjetische Geologen im Jahre 1961 ebenfalls im Staate Gujarat entdeckt. Das Ölfeld befindet sich in Kaloi etwa 27 km von Ahmedabad entfernt.

Nach Schätzungen der ONGC können gegenwärtig aus den Ölfeldern Ankaleshwar 1000 tato und aus dem benachbarten Ölfeld Cambay 50 tato gewonnen werden, die jedoch in kurzer Zeit auf 1500 tato gebracht werden sollen. Es ist geplant, die Produktionskapazität der Ölfelder von Ankaleshwar auf 2 Mill. t im Jahr zu bringen und für die Verarbeitung eine neue Raffinerie in der Nähe von Baroda in Betrieb zu nehmen, die mit sowjetischer Hilfe projektiert wird.

Im Staate Gujarat hat die ONGC bisher 17 Bohrungen niedergebracht, von denen eine auf Öl und drei auf Erdgas fündig wurden.

Im Pandschab sind bisher drei Bohrungen niedergebracht worden, aber nur eine wurde in geringer Teufe auf Erdgas fündig.

Im anderen großen Ölgebiet in Assam wurden bis 103 Bohrungen niedergebracht, wovon 72 fündig wurden. 8 förderten nur Erdgas, 12 waren erfolglos. Das Ergebnis von 11 Bohrungen steht noch aus.

Man schätzt die Reserven an Rohöl allein in den Ölgebieten von Nahokartiya, Hugrijan und Moran in Assam auf 44,80 Mrd. t. Diese Schätzung beruht auf den Ergebnissen von 88 Bohrungen, wovon 59 Erdöl und 7 Erdgas ergaben, während 12 ergebnislos waren.

Von zwei in Assam von der ONGC niedergebrachten Tiefbohrungen, eine in Sibsagar und die andere in Rudrasagar, hat bisher nur die in Rudrasagar Erdöl erbracht.

Durch ihren langfristigen Ölplan, der bis 1970 läuft, hofft die indische Regierung, den gesamten Ölbedarf des Landes aus der inländischen Förderung zu decken. Ziel ist die Produktion von 20 Mill. t Erdöl im Jahr.

Das Produktionsvolumen einiger Industriezweige der Abteilung I (Grundstoffindustrie) entwickelte sich in der Indischen Union wie folgt:

Art der Produktion	Maßeinheit	1947	1951	1956	1957	1958	1960
Elektroenergie	Mrd. kWh	4,57	5,85	9,65	10,8	12,4	16,2
Kohle	Mill. t	30,00	34,3	39,42	43,54	45,32	52,58
Eisenerzförderung	Mill. t		3,01		7,87		10,68
Roheisen	T.t	1571	1849	1991	1945	2150	4200
Rohstahl	T.t	1256	1500	1733	1715	1813	3279
Zement	T.t	1448	3196	4930	5601	6068	7840
Aluminium	t	3215	3848	6500	7771	8181	18500

F. HESS

Erdöl

Erdölvorkommen bei München

Ein Vorkommen von leichtem Erdöl wurde im Gebiet zwischen München und Rosenheim in großer Teufe entdeckt. Die beim Orte Aßling etwa 35 km südöstlich von München niedergebrachte Aufschlußbohrung (Aßling 1) wurde im Prisbon-Sandstein des Tertiärs in 3448—3463 m Teufe fündig. Aßling 1 ist damit der bisher tiefste Erdölfund Westdeutschlands. Bei den Förderversuchen wurde ein eruptiver Zufluß von 28 m³ Leichtöl (spezifisches Gewicht 0,834) täglich durch eine 3-mm-Düse erreicht.

He.

Steigende Erdölförderung in Kroatien

Die Erdölförderung der Republik Kroatien der Föderativen Volksrepublik Jugoslawien stieg von 250000 t im 1. Halbjahr 1960 auf über 550000 t für den gleichen Zeitraum des Jahres 1961. Diese starke Steigerung der Förderung ist vor allem auf die Erschließung neuer Vorkommen im Gebiet von Strutschec zurückzuführen, mit der im Vorjahre begonnen wurde.

Es bestehen günstige Aussichten, bereits aus den heute bekannten Feldern die Erdölförderung bis 1965 auf rund 1,5 Mill. t zu steigern. Darüber hinaus erwartet man in Fachkreisen eine weitere Steigerung der Produktion durch Erschließung der Vorkommen in Posavina und Podravina und im Gebiet der Adriaküste. In diesen Gebieten wurde mit Probebohrungen begonnen. He.

Erdöl in China

Bis etwa 1958 war die Volksrepublik China fast völlig auf Importe von Erdöl und von dessen Derivaten angewiesen. Sie war der größte Importeur sowjetischer Erdölprodukte im sozialistischen Lager.

Ab 1958 begann die eigene industrielle Erdölproduktion Chinas, die in kurzer Zeit einen ungeahnten Aufschwung nahm. Nachfolgende Tabelle gibt die Entwicklung wieder:

1958 = 1,46 Mill. t
1959 = 3,70 Mill. t
1960 = 5,20 Mill. t

Die Experten rechnen damit, daß die Produktion im Jahre 1965 mit rd. 20—30 Mill. t nicht nur zur Deckung des eigenen Bedarfs ausreicht, sondern daß von da ab China sogar als Erdölexporteur auf dem Weltmarkt auftritt.

Ursache für diese erfreuliche Entwicklung ist eine sehr intensive geologische Erkundung. Sie erstreckt sich sowohl auf eine großzügige Vorerkundung durch Basisbohrungen und Parameterbohrungen wie auch auf Erkundungsbohrungen. In der Vorerkundung betrug die Bohrmeterleistung im Jahre 1956 243900 m. Sie steigerte sich 1958 bereits auf 803000 m. Ähnlich liegen die Verhältnisse in der Erkundung, wo die Bohrmeterleistung sich von 1956 = 160600 m bis 1958 auf 378000 m steigerte.

Als Ergebnis dieser intensiven Arbeit konnten 1958 insgesamt 15 neue Erdölvorkommen entdeckt werden. Sie werden z. Zt. für die industrielle Produktion entwickelt. Die derzeitige chinesische Erdölförderung stammt aus zwei gut erschlossenen Erdölfeldern: Zju Zjuan an den Nordabhängen des Nanschan in der Provinz Hansu, woher etwa 88% der Produktion kommen, und aus dem Gebiet Dsungarei bei Karamai. Weitere bedeutsame Lagerstätten wurden im Turfana-Tal, im Bassin von Ordoss im Überschwemmungsgebiet des Hoangho, in Setschuan, in der Provinz Huansi und in der Provinz Huitschou aufgefunden. K.

Die Rohölförderung der Länder des Mittleren Ostens

Die Rohölförderung der einzelnen Staaten des Mittleren Ostens hat sich mit einer Zuwachsrate von 14,4% von 1959 zu 1960 wie folgt entwickelt:

Land	1959 (in 1000 t)	1960 (in 1000 t)	Steigerung in %
Kuweit	69532,5	81862,8	17,6
Saudi-Arabien	53956,9	60860,4	12,8
Iran	45631,8	52064,9	14,1
Irak	41732,0	47483,0	13,8
Qatar	7992,5	8212,4	2,8
Neutrale Zone	6195,3	7273,3	17,4
Sonstige Länder (Bahrein, Israel, Syrien, Türkei)	5825,5	6335,5	8,8
	230866,5	264092,3	+ 14,4

He.

Erze

Uran in Gabun

Im westafrikanischen Nationalstaat Gabun wurden in der Nähe von Franceville die Aufschlußarbeiten auf dem Uranvorkommen von Munana weitestgehend abgeschlossen, so daß in Kürze mit dem Abbau der Erze begonnen werden kann. Man rechnet mit Vorräten von rund 20 Mill. t mit einem Gehalt von 4000 bis 5000 t UO_2. Die Erze sollen in Form von Konzentraten mit 10—20% UO_2 exportiert werden.

—ul—

Verwendung von Uran in der Stahlproduktion

Um aus der bekannten Kalamität seines erheblichen Uranüberschusses herauszukommen, sucht man in Kanada nach neuen Verwendungsmöglichkeiten für Uranerze. In Frage käme die Verwendung von Uran als Legierungszusatz für bestimmte Metalle. Untersuchungen des Kanadischen Department of Mines haben ergeben, daß selbst bei Verwendung kleinster Uranmengen bei Flußstahl die Korrosionsfestigkeit beträchtlich verbessert wird, ebenso wie die Kriechfestigkeit des Stahles dadurch erhöht werden soll.

Man hofft, auf Grund dieses neuen Verwendungszweckes jährlich ca. 1000 t Uran unterbringen zu können.

Es wird ebenfalls erwogen, ob, ähnlich wie mit Thorium, auch mit Uranium Aluminium- und Magnesium-Leichtlegierungen gebildet werden können, die in der Flugzeugindustrie Verwendung finden könnten. He.

Manganerze Brasiliens

Mit rd. 1 Mill. t Manganerzen fördert Brasilien jährlich fast 8% der Welterzeugung. Die Manganerzvorkommen des Landes werden auf insgesamt 3 Mill. t geschätzt. Bei Urucum im Staate Matto Grosso wurden 60 Mill. t mit einem Mn-Gehalt von 40% bei 11% Fe-Gehalt festgestellt, die aber noch nicht abgebaut werden. Im Gebiet von Amapa liegen 30 Mill. t Erz mit 46% Mn- und 3% Fe-Gehalt. In Minas Gerais wurden die abbauwürdigen Erze auf 7,7 Mill. t mit über 40% Mn-Gehalt geschätzt. Von der Jahresförderung werden nur 60000 t im Lande verbraucht, fast die ganze übrige Förderung wird nach den USA exportiert. Ha.

Salze, Steine und Erden

Größtes Kalikombinat Europas bei Soligorsk

Wie der Erste Sekretär des ZK der Kommunistischen Partei Belorußlands in seiner Rede auf dem XXII. Parteitag der KPdSU mitteilte, gehen die Bauarbeiten zur Errichtung des größten Kalikombinats Europas bei Soligorsk ihrem Ende entgegen. Mit dem Bau eines zweiten ebensolchen Kombinats wurde begonnen.

Die Hauptlagerstätten der Salzvorkommen in der Pripjat-Senke liegen in Teufen bis zu 700 m und gelten als nahezu unerschöpflich.

Nach W. N. SCHTSCHERBINA (Nachr. Akad. Wiss. Beloruss. SSR, Nr. 3, 1959, S. 129—132) treten in der oberdevonischen Salzfolge des Pripjat-Beckens die sylvinitischen Salze vornehmlich in zwei Typen auf, nämlich als geschichtete Sylvinitgesteine und als Salzgesteine mit eingesprengtem Sylvinit. Die geschichteten Sylvinite bilden in mehreren Flözen mit Mächtigkeiten von einigen dm bis zu 3 m und einem KCl-Gehalt von 10—55%, ausnahmsweise bis zu 75%, die Lagerstätten von Starobinsk und sind vor allem am Nordwestrand des Pripjat-Beckens verbreitet.

Der Typ der Salzgesteine mit eingesprengtem Sylvinit bildet dagegen im Westen und Nordosten des Pripjat-Beckens das hauptsächlichst verbreitete Kalisalzgestein.

He.

Neue Magnesit- und Barytvorkommen in Jugoslawien

Wie das Institut für geologische und geophysikalische Forschung in Belgrad mitteilte, wurden in der Umgebung des Ortes Cacak in Serbien große Magnesit- und Barytvorkommen entdeckt. Die in diesem Gebiet vorhandenen Vorräte an weißem Magnesit werden auf ca. 1 Mill. t und an Baryt auf 200000 t geschätzt. Bekanntlich verfügt Jugoslawien bereits über große Lagerstätten an Magnesit guter Qualität. Sie liegen vornehmlich im mittleren und südwestlichen Teil Serbiens und in Bosnien sowie in Mazedonien. Die bekanntesten Bergwerke befinden sich in Goles und Sumadija, die beide mit modernen Aufbereitungsanlagen ausgestattet sind. Die im ganzen Lande weitverbreiteten Barytvorkommen verschiedener Art liefern oft schon in ihrem natürlichen Zustand ein Material mit sehr hohem $BaSO_4$-Gehalt, so daß schon mittels gewöhnlichen Waschens 98% $BaSO_4$ erreicht werden.

Auch die bei Cacak neuentdeckten Vorkommen weisen einen sehr hohen Prozentsatz an $BaSO_4$ auf.

Jugoslawien ist bekanntlich ein bedeutender Exporteur sowohl an Magnesit als auch an Baryt. He.

Neues Talkum-Werk in Finnland

Ein Werk zur Anreicherung von Talkumerde wird in Lahnaslampi in der Nachbarschaft von Sotkamo (Nordostfinnland) errichtet werden. Die Talkumerde wurde in der Nähe eines bereits früher bekannten Magnesitvorkommens aufgefunden. Zunächst sollen 2000 t Talkum mit 500 t Magnesit angereichert und probeweise in den Papierfabriken in Kajaani, Jämsänkoski und Simple verarbeitet werden. Mit dem gewonnenen Talkum hofft man, das bisher zur Papierherstellung importierte Kaolin zu ersetzen.

Das Talkumvorkommen wird als das bisher reichste in Finnland aufgefundene bezeichnet. Es liegt in etwa 150 m Teufe. He.

Zirkonium — ein wichtiges Metall

Noch vor 15 Jahren war Zirkonium lediglich eine Laboratoriumskuriosität. Heute ist es für eine Reihe von Zwecken unentbehrlich und wird mit moderner Extraktionstechnik und Tiefvakuumverfahren produziert. In Paris wurde, wie „Iron and coal" vom 19. Mai 1961 mitteilt, mit französischer, italienischer und westdeutscher Beteiligung eine Zirkonium-Gesellschaft gegründet, die das Metall herstellen und die verschiedenen jetzigen und künftigen Verwendungen desselben studieren soll. Die große Korrosionsbeständigkeit, die Durchlässigkeit für langsame Neutronen und die Verwendbarkeit für wertvolle Legierungen machen Zirkonium für die chemische, die nukleare und die elektronische Industrie unentbehrlich. Es wird z. B. für Behälter benötigt, die die stärksten Angriffe saurer und basischer Lösungen auszuhalten haben, für Schmelztiegel (anstelle von Platin) und für Behälter von nuklearen Materialien in Reaktoren. Ha.

Massenherstellung von Quarzkristallen

In den USA wurde kürzlich die erste Fabrik der kapitalistischen Länder in Betrieb genommen, die die Massenherstellung von Quarzkristallen durchführen wird. Die USA mußten bisher Quarzkristalle, die vor allem in der Nachrichtentechnik verwendet werden, aus anderen Ländern importieren. In der neuen Fabrik werden Kristalle gezüchtet, die größer, gleichmäßiger und reiner als Naturquarze sind. Es dauert etwa drei Wochen, bis Kristalle ausreichender Größe in den rund drei Meter langen Kesseln unter hohem Druck bei etwa 350° C gewachsen sind. Von guten Naturquarzen konnten im Durchschnitt in der Regel nur 3% für elektronische Zwecke verwendet werden. 1 g eines fertigen technischen Quarzes ist etwa zwei- bis dreimal teurer als Gold.

—ul—

Prof. Dr.-Ing. habil. O. W. Oelsner — 60 Jahre alt

Genosse Prof. Dr. OELSNER, Direktor des Instituts für Mineralogie und Lagerstättenlehre an der Bergakademie Freiberg, beging am 13. Februar seinen 60. Geburtstag. Die Geologen der Deutschen Demokratischen Republik gratulieren ihm herzlich und wünschen alles erdenkbar Gute, vor allem Gesundheit und noch viele Jahre erfolgreicher Arbeit.

Was wir Geologen so außerordentlich an unserem Prof. OELSNER schätzen, ist die vorbildliche Art, wie er die Theorie in Geologie und Lagerstättenlehre mit der Praxis der Lagerstättenerkundung und des Bergbaus verbindet. Diese engen Beziehungen zwischen theoretischem Wissen und praktischer Anwendung müssen bestehen, soll sich das eine wie das andere fruchtbar entwickeln. Prof. OELSNER vermittelt diese Einsicht seinen Studenten, die dadurch gut auf ihre spätere Tätigkeit in der Praxis vorbereitet werden. Dieser Grundzug seines Wesens und seiner Lehre spiegelt sich aber auch wider in seinen, besonders drei Themen behandelnden Arbeiten: die Entstehung, die Erkundung und die Bewertung von Lagerstätten.

Die Abhandlung der Bewertung von Lagerstätten erfolgte vor allem in seinem Lehrbuch „Grundlagen zur Untersuchung und Bewertung von Erzlagerstätten". Wesentliche Ausführungen zur Methodik der Lagerstättenerkundung wurden u. a. von ihm in einer Veröffentlichung „Zur Methodik der geologischen Erkundung in Abhängigkeit von den Lagerstättentypen", erschienen in der Z. angew. Geol., Bd. 4, S. 322—332, Berlin 1958, vorgelegt. Die Fragen nach der Genesis von Lagerstätten werden in zahlreichen Arbeiten über die Zink-Blei-Silber-Vererzung des Freiberger Bezirkes, über die pegmatitisch-pneumatolytischen Zinn-Wolfram-Lagerstätten des Erzgebirges und in mehreren neuen Untersuchungen über die submarin-hydrothermal-sedimentären Lagerstätten des initialen Vulkanismus vom Typ Lahn-Dill und Rammelsberg beantwortet.

Prof. Dr. OELSNER ist Mitglied des Geologischen Rates (früher Wissenschaftlicher Rat) der Staatlichen Geologischen Kommission. Er nahm hier stets durch aktive Mitarbeit maßgeblichen Einfluß auf die Projektierung geologischer Erkundungsarbeiten und stellte der geologischen Untersuchung unseres Landes und der Suche nach neuen Lagerstätten seine reichen Erfahrungen bereitwillig zur Verfügung. Wir danken es ihm in besonderem Maße, daß er sich dieser Aufgabe unterzog neben seiner angestrengten Tätigkeit als Rektor der Bergakademie und neben seiner umfangreichen Lehrtätigkeit.

Wir wünschen von ganzem Herzen, daß Prof. Dr. OELSNER noch lange und erfolgreich zum Wohle der geologischen Wissenschaften wirken möge. TISCHENDORF

Sonstiges

Beiträge zur Expansionshypothese

Unter den Hypothesen, welche die Entstehung von Kontinenten und Ozeanböden und die Bildung von Geosynklinalen in den Grenzbereichen zu erklären suchen, weist die Expansionshypothese eine relativ junge Entwicklung auf. Sie wurde zwar schon 1933 von O. HILGENBERG vorgebracht, der als erster den Versuch unternahm, die kontinentalen Teile eines großen Globus so aneinanderzupassen, daß sie einen kleinen Globus ganz bedeckten, und damit die Annahme stützen wollte, daß die Ozeane durch eine Expansion der Erde entstanden seien; doch erst im letzten Jahrzehnt gab der ungarische Geophysiker L. EGYED der Hypothese einen physikalischen Unterbau. Unter Berufung auf eine kernphysikalische Theorie von DIRAC und GILBERT führt er die angenommene Expansion auf eine vom Erdzentrum zur Peripherie fortschreitende, mit Volumenzunahme verbundene Dekomposition einer Urmaterie der Erde zurück (u. a. in Geol. Rdsch., Bd. 50, S. 251—258, 1961).

Von geologischer Seite wird die Hypothese neuerdings durch W. B. NEUMAN (UdSSR; den Lesern dieser Zeitschrift bekannt) vertreten, der von Arbeiten I. KIRILLOWS (UdSSR) ausgeht, der ähnlich wie HILGENBERG die „Scherben des zerbrochenen Kruges" zusammenzufügen versuchte. NEUMAN (Bull. Moskauer Ges. d. Naturforscher; Abt. Geologie, Nr. 2, 1961, und „Trud" vom 8. 6. 1961) weist zunächst darauf hin, daß zwischen den sialischen Kontinenten und den simatischen Ozeanböden keine materielle Übergangsform in den Grenzbereichen vorhanden sei, woraus er schließt, daß Kontinente und Ozeane genetisch nicht zusammenhängen. Er ist ferner der Meinung, daß die jüngeren Faltungsgürtel, welche die älteren z. T. überschneiden oder überdecken, ein wesentlich einfacheres und mehr zusammenhängendes Gefüge der älteren Gürtel sehr kompliziert hätten, und kommt zu dem Ergebnis, daß eine ursprünglich einheitliche und materiell gleichförmige Erdrinde, die auch den kosmogonischen Theorien am besten entspreche, im Laufe der Erdexpansion zuerst einige große einfach gegliederte Hauptrisse bekommen habe. Diese hätten sich dann zu Ozeanböden erweitert, und später hinzukommende Systeme weiterer Risse hätten das komplizierte Bild entstehen lassen, dessen einfachere Vorformen man jedoch rekonstruieren könne.

Ähnlich EGYED entwirft auch NEUMAN eine Theorie der Orogenese, bei der die Wirkung der Erdexpansion die Hauptrolle spielt. Was die Ursache der Expansion anbetrifft, zieht er auch eine Zufuhr von Materie aus dem kosmischen Raum in Betracht, wobei nicht einzusehen ist, wie eine solche, statt die Erdrinde nur an Mächtigkeit gewinnen zu lassen, deren Aufplatzen hätte herbeiführen sollen.

Die sehr knapp gehaltenen bisherigen Publikationen NEUMANs zu diesem Thema geben von seinem Gedankengang nur ein unvollständiges Bild. Ein von ihm für 1962 vorbereitetes kleines Buch über diese Problematik (briefliche Mitteilung an Referenten) wird sicher manche interessante Ergänzung bringen.

Die Bemühungen W. B. NEUMANs beweisen einmal mehr, wie viele Fragen da noch ungelöst sind und wie sehr die Problematik der Kontinent- und Ozeanentstehung sowie der Orogenese heute im Fluß ist. Ha.

Verfahren zum Bestimmen des Mächtigkeitsverlaufes ausgedehnter Lagerstätten

Bei einem neuen von der PRAKLA zum Patent angemeldeten Verfahren zur Ermittlung der Ergiebigkeit von Erzlagerstätten mit Hilfe reflexionsseismischer Untersuchungen wird von folgender Überlegung ausgegangen: Die von einem Erzgang hervorgerufenen reflektierten seismischen Impulse sind von den Unterschieden der Schallgeschwindigkeit und Dichte oberhalb und unterhalb der Grenzschichten abhängig.

Die Güte der Reflexion hängt aber auch davon ab, welche Mächtigkeit die unterhalb der reflektierenden Zonen liegenden Schichten aufweisen. Es werden ja nicht nur von der Oberseite der reflektierenden Schicht Schallstrahlen reflektiert, sondern es findet auch an der Unterseite eine Reflexion statt, so daß bei relativ dünnen reflektierenden Schichten die von der Oberseite reflektierten Strahlen mit den von der Unterseite reflektierten Strahlen in Interferenz treten und sich bei unendlich dünnen Schichten auslöschen. Haben die reflektierten Schichten geometrische Abmessungen, bei denen die Mächtigkeit der Schichten zwischen Null und etwa einer während der Messung benutzten Wellenlänge schwankt, so ist die Stärke der Reflexionen ein Maß für die Größe der Interferenz und damit wiederum für die Mächtigkeit der reflektierenden Schichten. Die Reflexionskonstante wird damit eine Funktion der Mächtigkeit der zu untersuchenden Schicht, wenn die zur Messung benutzte Wellenlänge in der Größenordnung der zu untersuchenden Schichtmächtigkeit liegt, aber etwas größer als diese ist. Dabei wächst die Reflexionskonstante vom Wert Null bei unendlich dünner Reflexionsschicht bis zu einem Grenzwert, der erreicht wird, wenn die Mächtigkeit der Schicht gleich der für die Messung benutzten Wellenlänge ist.

Kennt man also die Mächtigkeit einer Lagerstätte an einer bestimmten Stelle, z. B. durch eine Bohrung, so wählt man nach dem neuen Verfahren eine Frequenz, deren Wellenlänge in der Größenordnung der Mächtigkeit der zu untersuchenden Schicht liegt. Durch vergleichende Bestimmung der Reflexionskonstanten kann dann die Mächtigkeit der zu untersuchenden Schicht ermittelt werden. Zweckmäßig wird die für die im Gelände fortschreitende Vermessung benutzte Frequenz der jeweiligen Mächtigkeit der Schicht fortlaufend angepaßt.

Aus den Seismogrammen werden also alle tieffrequenten Anteile herausgefiltert und die nur noch schwach erscheinenden höherfrequenten Reflexionen sehr verstärkt, wobei die durch die Filterstellung ausgewählte Frequenz eine Wellenlänge in der Größenordnung der Mächtigkeit der Erzschicht an deren mächtigster zu erwartender Stelle besitzt. Wenn die Schallgeschwindigkeit in einem Erz z. B. $v = 5000$ m/sec beträgt und für die Auswertung eine Reflexionsfrequenz von $f = 250$ Hz angenommen wird, so beträgt die Wellenlänge $\lambda = v/f = 20$ m. Bei dieser Frequenz ist also die Reflexionskonstante eine Funktion der Schichtmächtigkeit bis zu 20 m und ermöglicht somit die Bestimmung der angetroffenen Schichtmächtigkeit.

Als Maß für die Reflexionskonstante dient die Amplitude der reflektierten Schwingung. Auf Grund derartiger Messungen läßt sich die Schichtmächtigkeit über ein größeres Gebiet durch verschiedene getrennte seismische Untersuchungen recht gut erfassen. FRIEDEMANN

Fachverband Mineralogie der Geologischen Gesellschaft in der DDR

Auf der 6. Jahrestagung zu Weimar im April 1959 wurde auf der Mitgliederversammlung dem Vorstand vorgeschlagen, einen Fachverband Mineralogie im Rahmen der Gesellschaft ins Leben zu rufen. Der Vorstand begrüßte diese Anregung.

Auf der 7. Jahrestagung im Frühjahr 1960 in Berlin fand eine gesonderte mineralogische Vortragsreihe am Mineralogischen Institut der Humboldt-Universität statt. Die dort Versammelten beauftragten eine Anzahl vom Vorstand benannter Fachkollegen mit der Organisierung eines Fachverbandes. Auf Initiative dieses Gremiums wurde eine 1. Mitgliederversammlung und Tagung des Fachverbandes am Mineralogischen Institut der Bergakademie Freiberg veranstaltet. Hier konstituierte sich der Fachverband, wählte sich eine Leitung und einen Beirat. Den Vorsitz führt seither Prof. Dr. RÖSLER. Der Fachverband sieht z. Z. seine Aufgabe vor allem darin, interessierte Mineralogen aus allen Bereichen des gesellschaftlichen Lebens der DDR zusammenzuführen. Nach der ersten Tagung im Dezember 1960 sind folgende Veranstaltungen durchgeführt worden:

Elektronenmikroskopischer Kurs in Freiberg, April 1961

Informationsaustausch über Mineralogie, Petrographie und Geochemie der Rotliegendgesteine, Halle, Juni 1961

Diskussionstagung über die Erkundung und Genese der Zinnerzlagerstätte Geyer in Ehrenfriedersdorf, November 1961

Vortragstagung über Radioaktivität im Dienste der Mineralogie, Freiberg, Dezember 1961

Ende Februar 1962 wird unter Leitung von Dr. LÖFFLER ein Symposium über Kristallzüchtung unter internationaler Beteiligung in Bitterfeld durchgeführt werden.

*

Am 9. Juni 1961 fand ein von Dr. KAEMMEL einberufener und mit Dr. HOPPE gemeinsam durchgeführter Informationsaustausch über Mineralogie und Petrographie sowie Geochemie in Rotliegendgesteinen statt.

Gastgeber war das Mineralogische Institut der Universität Halle unter Leitung von Dr. GAEDECKE.

Es waren Vertreter von Institutionen eingeladen, deren Mitarbeiter auf dem genannten Gebiet arbeiten, sowie kartierende Geologen. Es wurden zunächst die neueren Arbeitsergebnisse sowie die Arbeitsprogramme der verschiedenen Institutionen diskutiert. Diese Beiträge werden als Manuskript erscheinen und den Teilnehmern zugestellt werden (Redaktion Dr. GAEDECKE). Am Nachmittag wurden Fragen der Nomenklatur von Gefügen der Vulkanite und von Gesteinen behandelt.

Die weitere Betreuung der im Rotliegenden tätigen Geologen und Mineralogen wird in Zukunft der Fachverband Mineralogie gemeinsam mit der Sektion Kartierung der Geologischen Gesellschaft übernehmen.

*

Am 3. u. 4. November führte der Fachverband Mineralogie eine Diskussionstagung in Ehrenfriedersdorf über die Genese und Erkundung der Lagerstätten im Bereich Geyer/Ehrenfriedersdorf unter Leitung von Dr. BAUMANN und Dipl.-Min. BOLDUAN durch.

Am 3. 11. wurde den Teilnehmern von den Bearbeitern durch Vorträge die Problematik dieser pneumatolytischen Zinnlagerstätte dargestellt.

Am 4. 11. fanden Grubenbefahrungen und eine Übertageexkursion statt, die die Vortragsreihe wirkungsvoll ergänzten.

Die Vorträge erscheinen als Heft in der Reihe C der Freiberger Forschungshefte. KAEMMEL

Mitteilung

Die Verfasser des Artikels: „Die Ingenieurgeologische Karte der Stadt Berlin, Stadtbezirk Mitte, Maßstab 1:4000", IRMGARD RÖBLING und GERHARD TAMM, erschienen in Bd. 7, H. 4, unserer Zeitschrift, teilen ergänzend mit, daß der Bearbeitung der Karte unter anderem auch die „Baugrundkarte von Berlin", bearbeitet von Dr. GUSTAV MEDON und HORST WEHLOW, zugrunde lag.

Kurznachrichten

Ein neues **Erdölvorkommen** wurde etwa 180 km südöstlich von Sirt an der großen Syrte in **Libyen** entdeckt. Der Zufluß soll ca. 150 t pro Tag betragen.

In **Argentinien** stieg die **Rohölproduktion** von 1959 bis 1960 um 30% und von 1960 bis 1961 um 57,1% und erreichte in den ersten fünf Monaten 1961 5,56 Mill. cbm.

In Fischamend (Österreich) wurde eine Großanlage zur Erzeugung von **Methanol aus Erdgas** mit einer Jahreskapazität von 10000 t, die den Inlandsbedarf decken, in Betrieb genommen.

Die **Kohlenförderung** in **Afghanistan** soll von gegenwärtig 55000 t jährlich bis 1964 auf das Dreifache gesteigert werden. Eine Ölförderung von 300000 bis 350000 t jährlich wird bis 1963 erwartet.

Kohlenvorkommen, die auf etwa 6 Mill. t geschätzt werden, wurden von iranischen Geologen im Norden **Irans** entdeckt. Proben davon werden gegenwärtig auf ihre Verwendbarkeit in einem künftigen Stahlwerk untersucht.

Bei Udaipur in **Indien** wurden zwei neue Vorkommen mit hochwertigem **Uranerz** entdeckt.

In **Jordanien** wurde bei Wadi Araba erstmalig ein **Kupfererz**vorkommen entdeckt, das auf 22,5 Mill. t geschätzt wird.

In Pomalaa im Südosten von Sulawesi (**Indonesien**), in dessen Nähe in einem Gebiet von 8700 ha **Nickelerze** gefunden wurden, wird eine Nickelaufbereitungsanlage gebaut. Es liegt ein indonesisch-japanisches Abkommen zugrunde. Nach Schätzungen japanischer Geologen können in diesem Gebiet etwa 20 Mill. t **Nickel** gewonnen werden.

In **Spanien** wurden im ersten Halbjahr 1961 17189 t **Zink** gegen 12152 t in der gleichen Zeit des Vorjahres produziert.

In **Südafrika**, wo die **Zinnerzförderung** bereits 1350 long tons jährlich beträgt, wurden an mehreren Stellen Gänge hochwertiger Erze neu entdeckt, die z. T. schon gute Erträge liefern. Im nördlichen Transvaal ist bei Potgieterrust in 914 m Tiefe zinnhaltiges Erz entdeckt worden.

Die **norwegische Aluminiumproduktion** soll von jetzt knapp 200000 t auf 800000 t jährlich erhöht werden. Neue Hütten im Gebiet von Sogne und Fjordane mit je 100000 t Jahreskapazität sind geplant.

Die **Erzausfuhr** der Republik **Guinea** betrug 1960 772000 t gegenüber 535000 t im Jahre 1959 und 372000 t 1958. An die Länder des sozialistischen Lagers wurden 352000 t geliefert.

In **Kanada** soll die **Kaliproduktion** durch Erschließung einer Grube im Gebiet von Esterhazy/Saskatchewan von jetzt 420000 t jährlich ab 1963 auf 1,2 Mill. t gesteigert werden.

In alten Grubenbauen von **Colorado**, wo man früher beim Abbau von Edelmetall- und anderen Erzen den beryllium-haltigen Erzen keine Bedeutung beimaß, sind in den letzten vier Jahren große Mengen **Beryllium**-Erz (2171 t) gewonnen worden. Ein Beryllometer erleichterte die Auffindung der in Greisenzonen und Gängen hoher Bildungstemperatur vorkommenden Erze.

In den nächsten Heften der Zeitschrift für angewandte Geologie

erscheinen u. a. folgende Beiträge

E. M. Janischewskij & W. M. Konstantinow: Der Einfluß tektonischer und petrographischer Faktoren auf die Uranvererzung im Erzgebirge

D. Münch: Der Ton von Rieder

F. Reuter: Gebäudeschäden durch „Untergrundsenkungen“ in Bad Frankenhausen (Kyffhäuser)

E. Dittrich & H.-J. Paech: Beobachtungen über Felsverformung beim Aushub einer großen Baugrube

J. Trachtulec: Beitrag zur Durchführung hydrogeologischer Forschungen in Braunkohlenrevieren

K. Schulze: Entwicklung von Tiefbohrzement in der DDR

I. Ormandy: Hydrogeologische Probleme im Steinkohlenrevier von Ostrava-Karviná

C. Döhner: Zur Vorratsberechnung und Abbauplanung in Feldesteilen mit absetzigen Hartsalzvorkommen

G. Primke: Entwurf einer abgedeckten geologischen Karte des Ascherslebener Sattels zwischen Frose und Mehringen

E. Szabó: Lagerungsverhältnisse und Genese des ungarischen Bauxits

Herausgeber: Staatliche Geologische Kommission und Zentrale Vorratskommission für mineralische Rohstoffe der Deutschen Demokratischen Republik. Für die kollektive Chefredaktion: Dr. K. Kauter (Redaktionssekretär), Berlin. Redaktion: Berlin N 4, Invalidenstraße 44. Verlag: Akademie-Verlag GmbH, Berlin W 8, Leipziger Straße 3—4 (Fernsprecher 220441, Telex 011773, Postscheckkonto: Berlin 35021). Bestellnummer des Heftes 1047/8/2. Die „Zeitschrift für angewandte Geologie“ erscheint monatlich. Bezugspreis 2,— DM je Heft. — Satz und Druck: Druckhaus „Maxim Gorki“, Altenburg. Veröffentlicht unter der Lizenznummer ZLN 5008 des Ministeriums für Kultur. Karten: MdI der DDR, Nr. 6964, 7079/K 11.

FSC
www.fsc.org
MIX
Papier | Fördert
gute Waldnutzung
FSC® C083411

Zeitfracht Medien GmbH
Ferdinand-Jühlke-Straße 7
99095 Erfurt, Deutschland
produktsicherheit@kolibri360.de